U0174336

高折射率差超结构光器件

白成林　房文敬　黄永清　范鑫烨　著

科学出版社

北 京

内 容 简 介

高速光通信系统的飞速发展对光电子器件性能提出了更高的要求，与新型微纳超结构集成的光器件已经成为光通信发展的必然需求之一。高折射率差光栅作为一种新型微纳超结构，已经广泛地应用在高性能光电子器件中，将新型高折射率差光栅与半导体光探测器、激光器等有源器件集成，可以显著地拓展其器件的功能。本书以高折射率差光栅为主要研究对象，全面阐述了该超结构器件的理论设计方法、制备工艺及测试方法，较为系统、完整地介绍了基于高折射率差光栅结构的不同功能器件的性能指标、应用，以及未来的发展趋势。通过阅读本书，读者可以全面了解相关的技术原理和应用前景。

本书适用于光电子、光电信息工程、光通信等专业领域的高年级本科生及研究生学习和参考，对上述领域内从事研究、开发、生产的工程技术及研究人员也有重要的参考价值。

图书在版编目(CIP)数据

高折射率差超结构光器件/白成林等著. —北京：科学出版社，2022.6
ISBN 978-7-03-072457-1

I.①高… II.①白… III.①光电器件–结构 IV.①TN203

中国版本图书馆 CIP 数据核字(2022) 第 097676 号

责任编辑：周 涵 郭学雯／责任校对：杨聪敏
责任印制：吴兆东／封面设计：无极书装

科 学 出 版 社 出版
北京东黄城根北街 16 号
邮政编码：100717
http://www.sciencep.com
北京中科印刷有限公司印刷
科学出版社发行 各地新华书店经销

*

2022 年 6 月第 一 版 开本：720×1000 B5
2025 年 2 月第三次印刷 印张：13 1/4
字数：268 000
定价：118.00 元
(如有印装质量问题，我社负责调换)

前　言

　　1947 年，美国贝尔实验室的科学家们成功研制出了第一只晶体管，由此揭开了半导体微电子的序幕。1958 年，美国科学家 Kilby 研制出第一片电子集成芯片，标志着电子器件向集成方向发展。在微电子技术发展的基础上，光电子技术也有了重大突破。1963 年，Alferov 与 Kroemer 在现代异质结构物理学和电子学方面做出了重大贡献，并在 2000 年获得诺贝尔物理学奖。1966 年，高锟教授率先预言玻璃纤维的光衰减能够控制在 20 dB/km 以下，被誉为 "光纤通信之父"。1969 年，Miller 提出了集成光学的概念，将光子器件代替电子元件并集成到单一芯片上，可以完成集成电路类似的功能。20 世纪 70 年代初，Somekh 和 Yairve 等提出了将光子器件和电子器件集成在同一衬底的想法，首次实现了半导体材料的光电子集成芯片，这对光电子集成器件的进一步发展产生了深远的影响。经过几十年的不断发展，集成光学在理论与应用方面都得到了很好的发展，各种新型光电子集成器件不断涌现，并且成功地应用在光纤通信技术、光纤传感技术、网络技术及光存储技术等多种技术领域中。

　　高速光通信系统的飞速发展对光电子器件性能提出了更高的要求，与新型微纳超结构多功能集成的光电子器件已经成为光通信发展的必然需求之一。高折射率差超结构作为一种新型微纳结构，已经广泛地应用在高性能光电子器件中，尤其是高折射率差光栅这种超结构，当采用非周期时，能够产生光束会聚、光束偏转等新的光学现象和物理规律。因其优越的光学特性及紧凑简单的亚波长结构，广泛地应用在垂直腔表面发射激光器 (VCSEL)、光探测器、基于微机电系统 (MEMS) 的光电器件中，这些多功能的集成器件对光通信系统的完善与提升提供了有力的保障。

　　本书阐述了高折射率差光栅超结构的基本理论、制备工艺、主要光学特性，以及其在光通信器件中集成的应用实例。全书分为 7 章：第 1 章是绪论，介绍了高折射率差超结构的研究意义、发展历史与现状；第 2 章详细介绍了光波导理论基础，着重介绍了阶跃折射率光波导、条形光波导和光栅的工作原理；第 3 章详细介绍了高折射率差光栅的理论分析方法与制备工艺；第 4 章详细介绍了一维高折射率差光栅器件的设计、仿真、制备与测试分析方法；第 5 章则详细介绍了二维高折射率差光栅器件的设计、仿真、制备与测试分析方法；第 6 章详细介绍了基于高折射率差光栅超结构的集成器件，如 PIN 光探测器、PIN 光探测器阵列、

UTC 光探测器、UTC 光探测器阵列和 VCSEL；第 7 章具体分析了高折射率差超结构的未来发展趋势。

　　本书的有关工作得到国家重点研发计划 (项目编号：2016YFB0402105)、国家自然科学基金 (项目编号：61501213、61671227)、信息光子学与光通信国家重点实验室 (北京邮电大学) 开放基金 (项目编号：IPOC2019A009)、山东省自然科学基金 (项目编号：ZR2021MF070、ZR2021MF053 和 ZR2015FQ008)、山东省 "泰山学者" 建设工程专项经费、聊城大学博士启动科研基金 (318051708) 等项目的资助，在此一并表示衷心的感谢。

　　作者在半导体器件、光器件、光通信等领域开展了相关研究，并阅读了相关领域的大量文献，通过总结多年从事高折射率差光栅的研究成果与实践经验，结合我国半导体有源器件与微纳光器件集成的发展撰写了本书，力求做到内容新颖，同时具有应用价值。由于水平有限，加之光电器件及微纳加工技术迅速发展，书中难免存在不妥之处，恳请广大读者批评指正。

作　者

2022 年 3 月

注释说明汇集表

BCB：benzocyclobutene，苯并环丁烯

CMOS：complementary metal oxide semiconductor，互补金属氧化物半导体

DBR：distributed Bragg reflector，分布式布拉格反射镜

EBL：electron beam lithography，电子束曝光

F-P：Fabry-Pérot cavity，法布里–珀罗腔

FWHM：full-width at half maximum，半高全宽

GaAs：gallium arsenide，砷化镓

HCG：high contrast grating，高折射率差光栅

HCM：high-contrast metastructure，高折射率差超结构

ICP：inductively coupled plasma，电感耦合等离子体

InP：indium phosphide，磷化铟

MEMS：microelectromechanical system，微机电系统

OMITMC：one-mirror inclined three-mirror cavity，一镜斜置三镜腔

RCE：resonant cavity enhanced，谐振腔增强

SEM：scanning electron microscope，扫描电子显微镜

SOI：silicon on insulator，绝缘衬底上的硅

VCSEL：vertical cavity surface emitting laser，垂直腔表面发射激光器

目　　录

第 1 章　绪　　论

1.1　高折射率差超结构的研究意义

利用光来传递信息, 不但速度快, 而且抗干扰能力强, 以之为载体的光通信技术一直是人们关注和研究的重要课题。光通信系统可达到相当大的带宽和容量, 且具有比较低廉的制造成本, 其作为宽带通信的基础之一和信息传输技术的支撑平台, 在未来信息社会中将发挥越来越重要的作用。人们对信息需求的日益增长, 使光通信系统在整个通信网络中的应用范围更加广泛, 且推动着光通信系统相关应用技术不断地发展。近年来, 光纤信道的单波长信息传输速率正向着 Tbit/s 的数量级不断接近, 光传送网已逐渐成为各国传送网络的主体。光通信技术已从单纯的光纤通信发展到全光网络技术, 人们期望着光通信系统向质量更高、可靠性更强、传输距离更长的方向发展 [1]。

面对通信业务对网络带宽和速率提出的越来越高的要求, 光电器件作为构建光通信系统和网络的物理基础的光通信器件, 其性能的改善一直是业界不断研究的焦点。随着光通信器件的快速发展, 光电系统的大规模集成日益成为需要重点解决的问题。传统的光电子器件由于结构尺寸、加工工艺等各种限制因素, 已经很难满足光通信和集成光路对光器件的需求。基于新型微纳超结构的光器件具有体积小、功能强、效率高等优点 [2], 为新一代光信息技术的发展提供了一种很好的解决方案。

在过去的几十年中, 人们对亚波长周期结构及其应用进行了广泛的研究, 特别是其周期垂直于光的入射方向的结构。其中微纳尺寸的高折射率差一维介质光栅, 称为高折射率差光栅 (sub-wavelength high contrast grating 或者 high contrast grating, HCG)[3], 该结构以及其二维变化, 现在都被普遍称为高折射率差超结构 (HCM)[4]。这种结构在整个微纳结构领域引起了广泛关注。高折射率差光栅具有这样的特征: 其一, 光栅的周期要小于入射光波长; 其二, 光栅材料的折射率与周围介质的折射率相差很大。由于高折射率差和亚波长超结构, 高折射率差光栅不仅具有宽光谱范围的高反射、高透射特性, 还具有偏振选择、谐振滤波、光束整形等特性。由此, 利用亚波长高折射率差光栅可以设计成宽光谱反射镜, 替代了传统结构复杂的分布式布拉格反射镜 (DBR)。在不同的设计条件下, 高折射率差光栅可以设计为具有超高品质因子的光谐振器 [5,6]、偏振分束器 [7,8]、滤波器 [9]、耦合器 [10] 等。除此之外, 亚波长高折射率差光栅还具有波前相位控制特性 [11],

通过改变光栅结构参数来控制相位的变化，从而控制光束的方向，实现光束会聚、光束偏转特性。

高折射率差超结构是目前很有前途微纳光电器件的候选之一。其作为一种新型微纳结构，已经广泛地应用在高性能光电子器件中，尤其是，当高折射率差光栅采用纳米尺寸及特殊图案，甚至非周期结构时，会产生新的物理现象及新的光学特性。这种微纳超结构的产生将有助于高性能光电子器件的发展，并且推动包括高速光通信、光网络在内的多领域器件的革新与升级。另外，纳米制备和纳米加工技术的发展，特别是电子束光刻的应用，大大降低了纳米尺度光栅结构的制作复杂性，使得其与多种半导体光学器件的集成成为可能，并且有望在光学传感、高速光通信、光电子集成电路等方面引发科学技术变革。

1.2　高折射率差超结构的研究进展

光栅这种超结构，是一个历史悠久的研究课题，已经经历 200 多年了，它也是光学器件中的基本元件之一。根据光栅结构的周期与工作波长的关系，其可以分为三个区域：①当周期远大于工作波长时是光栅衍射区域；②当周期与工作波长几乎相等时是深亚波长区域；③当周期远小于工作波长时是亚波长区域。2004年，美国加州大学伯克利分校 Chang-Hasnain 课题组提出了一种新型的单层亚波长光栅[3]，如图 1.1(a) 所示。其在 500 nm 光谱范围内都能达到 98.5% 的反射率[①]，如图 1.1(b) 所示。紧接着，该课题组提出了另一种结构的亚波长光栅超结构。该结构是由高折射率材料 (一般为硅) 作为光栅层，其光栅块完全被周围的低折射率材料 (空气或者二氧化硅) 完全覆盖，被称为高折射率差光栅[12-14]。

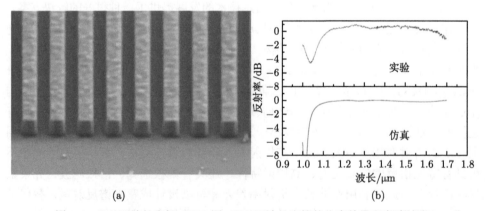

(a)   (b)

图 1.1　(a) 亚波长光栅 SEM 图；(b) 亚波长光栅的仿真结果和实验结果

---

① 转换为以 dB 为单位的关系式：$1 \mathrm{dB} = 10 \log_{10}$ (1/反射率)。

高折射率差光栅重要的结构参数分别为光栅周期、占空比和光栅层厚度。通过改变这三个参数来控制光栅的光学特性。

1.2.1 高折射率差光栅反射镜

高反射率、宽带反射镜是光电子器件中最普遍的元件之一，广泛用于半导体激光器、光滤波器、光探测器、耦合器、可调谐光器件等光电器件中。实现高反射率、宽带反射镜的方法有多种，常用的方法有金属材料实现反射镜、利用多层介质材料实现 DBR。金属反射镜可以实现宽带反射，但是金属材料具有较大的吸收损耗，以至于不能达到 99% 这样的高反射率。DBR 由多层周期性的折射率可变的介质材料交替组成，可实现宽带高反射特性，然而，在保证晶格匹配的情况下，还需要数对结构才能实现高反射率，这在工艺上增加了很多难度。相比之下，高折射率差光栅结构简单、制备工艺简单，是实现高反射率、宽带反射镜的理想选择。其实现高反射特性的物理原理如下：当入射光垂直照射在光栅表面时，可以将光栅看作短平面波导的阵列。入射波激发了多个模式，其中前两个模式是最重要的，高阶模式都以倏逝波的形式传播。这两种模式在光栅内以一定传播速度传输，主要是由光栅条宽度、空气隙和折射率确定的。当光栅厚度设计合适时，这两种模式之间相长干涉或相消干涉，可以使高折射率差光栅具有高透射性或高反射性。当光栅的厚度合适时，其对工艺上的不均匀性和缺陷具有一定的容忍性。

近年来，高折射率差光栅反射镜也取得了瞩目的成就，对光通信器件的发展起了很大的作用 [15]。2004 年，美国加州大学伯克利分校的 Huang 和 Chang-Hasnain 等首次利用高折射率差光栅成功地设计和制作了宽带高反射镜。2010 年该研究组的 Lu 等又提出了基于非周期高折射率差光栅的光束会聚反射镜 [16]，如图 1.2(a) 所示：光栅结构呈中心对称，设定光栅的厚度为 1.2 μm，光栅条的宽度变化范围为 0.25~0.75 μm，空气隙的变化范围为 0.1~0.6 μm。仿真结果表

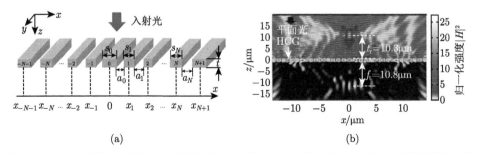

图 1.2　(a) 非周期高折射率差光栅的结构示意图；(b) 高折射率差光栅光束会聚磁场分布图

明，如图 1.2(b) 所示，高折射率差光栅对反射光束进行控制，对透射光束也有类似的作用，反射光束和透射光束分别会聚。

2010 年，美国惠普实验室 Fattal 等利用高折射率差光栅的光束会聚、高反特性，成功地制备了 1550 nm 波长下焦距为 17.2 mm 的平面形、圆柱形、球形的具有会聚特性的非周期高折射率差光栅反射镜[17]。经测试，得到 80%～90% 的反射率，如图 1.3 所示。

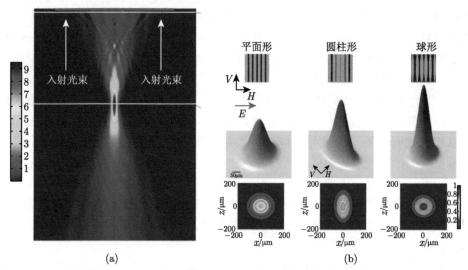

图 1.3   (a) 大数值孔径（0.45）的一维（圆柱形）高折射率差光栅，直径为 50 mm，焦距为 50 mm；(b) 三种光栅结构示意图：平面形（左）、圆柱形（中）和球形（右）光栅及在焦点处测量的光束轮廓

2011 年，丹麦技术大学 Chung 课题组利用非周期波前相位控制原理，提出了具有光束偏转的高折射率差光栅反射镜[18]。在高反射区域选择满足光束偏转的相位分布的光栅参数，依次排列组合成非周期高折射率差光栅，实现光束偏转，其偏转角度大约为 6°，如图 1.4 所示。

2015 年，Chung 教授研究组又完成了二维偏振不敏感高折射率差光栅的制备以及实验测试[19]。他们指出，在带宽 192 nm(1458～1650 nm) 范围内依然可以保持高反射率 (>99%)，在电子束曝光和干法刻蚀过程中，光栅的厚度和宽度有 ±20 nm 容差范围，光栅的周期有 ±30 nm 容差范围。图 1.5(c) 是 TM 波入射时，反射率的仿真结果与测试结果对比图，说明实验结果与理论仿真相符合。图 1.5(d) 分别是 0°(TM)、45°(混合波)、90°(TE) 线偏振光入射到二维高折射率差光栅上的反射率，三条线基本重合，说明了二维高折射率差光栅的偏振不敏感性。

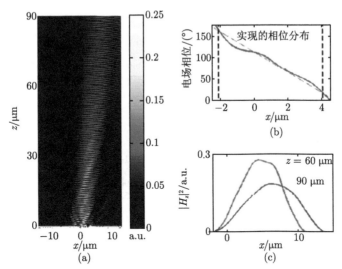

图 1.4 (a) 高折射率差光栅光束偏转电场图；(b) 高折射率差光栅实现光束偏转功能的相位
条件；(c) 实现光束偏转的电场强度分布图

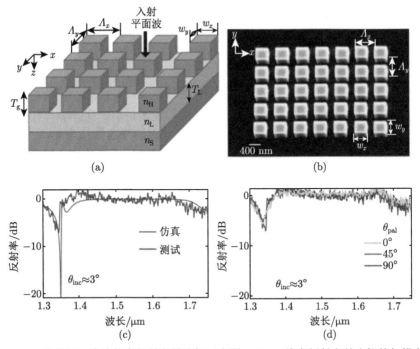

图 1.5 (a) 消偏振二维块状高折射率差光栅示意图；(b) 二维高折射率差光栅的扫描电子显
微镜图；(c) 不同入射波长下二维高折射率差光栅的反射率仿真与实验测试对比图；(d) 二维
高折射率差光栅对三种不同偏振角度入射波的反射率对比图

国内方面，北京大学周治平教授课题组提出了二元闪耀光栅反射镜 [20]，该反射镜由高折射率差 SOI 材料构成，通过二元闪耀光栅层的非均匀形状调制，在 1.2~1.7 μm 波长范围内，实验测得其反射率大于 96％。图 1.6(a) 为二元闪耀光栅反射镜的扫描电子显微镜 (SEM) 图，图 1.6(b) 是理论结果和实验结果，可以看出其宽光谱高反射特性。

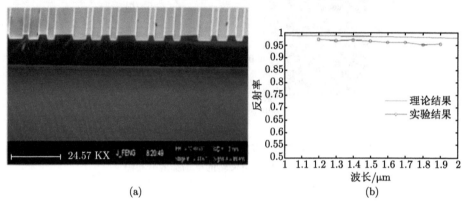

(a)   (b)

图 1.6   (a) 二元闪耀光栅反射镜的 SEM 图；(b) 反射谱的理论和实验曲线

1.2.2   高折射率差光栅偏振分束器

偏振分束器能够将输入光分成两个正交的偏振态，并沿着不同方向传播，广泛用于光通信、光纤传感、光探测等领域。偏振分束器的一个主要应用是基于偏振分集技术的集成光路，如图 1.7 所示。自光纤输入的任意偏振态光，在偏振分束器的作用下，分为两个正交偏振分量，分别在不同波导臂中传输，并由偏振旋转

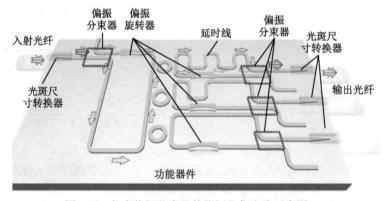

图 1.7   包含偏振分束器的偏振分集光路示意图

器将其中一种偏振分量旋转 90°, 使得两路光分量呈现单一相同的偏振态, 以此方式消除光路中的功能元件对偏振敏感的问题。此外, 偏振分束器在光开关、光路由、光隔离器、偏振成像等方面也有着广泛的应用。

近几年, 国内外对偏振分束器的研究也取得了很大进展, 通过利用新结构、新材料, 实现了不同功能的偏振分束器。比如, 基于光栅[21]、光子晶体[22]、马赫–曾德尔干涉仪 (MZI)[23]、定向耦合器 (DC)[24]、多模干涉耦合器 (MMI)[25] 等几种不同的结构。

近几年, 研究者们提出了很多不同结构和不同功能分束的光栅型偏振分束器, 主要可以分为三种。第一种是使 TE(TM) 和 TM(TE) 偏振光分别具有不同的高透射率或高反射率, 将二者在光栅的上下两侧分开。2009 年, 赵华君等提出了一种金属偏振分束光栅[26], 如图 1.8 所示, 它的光栅条由铝材料构成, 他们采用了等效介质理论和薄膜光学的设计方法, 设计出在 TE 偏振入射光下具有高反射率, 而对 TM 偏振光具有高透射率的金属偏振分束器, 而且, 在 $-30° \sim 30°$ 的大角度范围和 $470 \sim 800$ nm 的宽光谱范围内, 该器件都具有较低的插入损耗 (IL) 和较高的偏振消光比 (PER)。

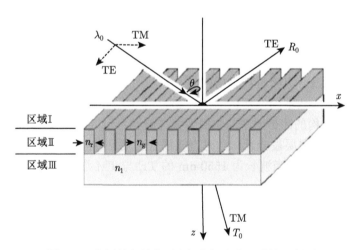

图 1.8   高折射率差金属光栅偏振分束器结构示意图

第二种是使 TE 和 TM 偏振光同时透射或同时反射, 但二者在出射端口具有不同的传播方向。2011 年, 国内的 Wang 课题组提出的全内反射光栅偏振分束器[27], 如图 1.9(a) 所示。在二阶布拉格角度下, 光束从光栅底部向上入射, TE 偏振光和 TM 偏振光被分别衍射至 -2 级和 0 级, 器件消光比最大可达到 33.5dB。2012 年, 该课题组提出了一种带有连接层的透射式光栅偏振分束器[28], 其结构如图 1.9(b) 所示, 在二氧化硅上部分刻蚀成光栅层, 且衬底具有相对高的折射率。

该光栅可以将 TE 偏振光衍射至 −1 级，将 TM 偏振光衍射至 0 级，在 800 nm 波长光束入射时，两种偏振光衍射效率分别达到 96.45% 和 97.68%，而且，与简单的熔融二氧化硅光栅结构相比，其具有更大的带宽和角度容差。如图 1.9(c) 所示为该课题组 2013 年的研究成果，一种基于两层光栅的反射偏振分束器[29]，光栅层使用了两种具有不同折射率的介质材料，且光栅层和衬底之间加入了一层金属银，分别被衍射至 −1 级和 0 级的 TE 和 TM 偏振光都具有很高的衍射效率，且在 394 nm 宽光谱内都大于 90%。

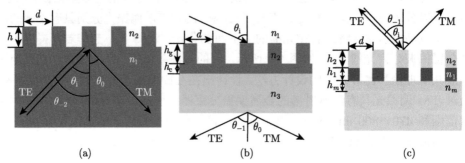

(a)　　　　　　　　　　　(b)　　　　　　　　　　　(c)

图 1.9　(a) 全内反射光栅偏振分束器结构示意图；(b) 基于连接层的透射式光栅偏振分束器结构示意图；(c) 两层光栅反射式偏振分束器结构示意图

第三种是偏振分束器与耦合器的结合，将 TE 与 TM 偏振光分开，同时直接耦合进波导中，从不同的端口输出。2009 年，浙江大学的 Tang 和 Dai 等提出了一种 SOI 结构的高折射率差光栅偏振分束器[30]，它能同时作为耦合器使用，两种偏振模式在光栅层被分开，同时直接耦合进相反方向的波导中传输。其结构示意图如图 1.10 所示。当波长为 1550 nm 的 TE 与 TM 混合偏振光以一个小角度

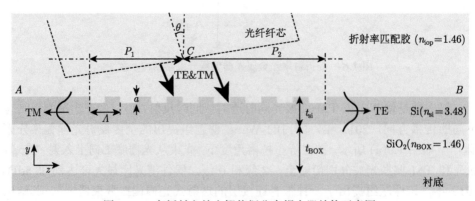

图 1.10　高折射率差光栅偏振分束耦合器结构示意图

倾斜入射时，两种偏振光的耦合效率均可达到 50%，并且器件具有 70 nm 的工作带宽和较低的偏振串扰。

除了这三种偏振分束器，国内外学者还提出了各种不同的改进结构，优化偏振分束器的性能或实现器件的多功能。例如，基于二元闪耀光栅的结构[31]，双层光栅堆叠的结构[32]，双波长偏振分束光栅耦合器[33] 等。2010 年，华中科技大学武华明利用光栅的偏振敏感特性设计了一种偏振分束器，光栅部分材料为硅，衬底材料为二氧化硅，入射光是波长为 1550 nm 的 TE 和 TM(两类光功率相等) 混合偏振光，入射方向与端面成 90° 角，工作原理如图 1.11(a) 所示[34]。图 1.11(a)中 TM 光垂直穿过光栅，TE 光被器件反射回光源方向，使得混合在一起的两束光分别朝不同的方向传播，实现了分离，偏振消光比达到 15 dB。

如果光的入射方向不垂直于光栅端面，即以一定的角度照射端面，可以获得更高的偏振消光比，比如，2012 年，华中科技大学张曦以等效介质理论为基础设计了一种周期型光栅偏振分束器，光栅材料是硅。当波长为 1550 nm 的混合偏振光从左上方以布儒斯特角照射光栅端面时，TE 光以一定的角度朝右上方向传播，TM 光以一定的角度朝右下方向传播，最终两类光能朝不同的方向传播，实现了分离，偏振消光比高达 41 dB[35]，如图 1.11(b) 所示。

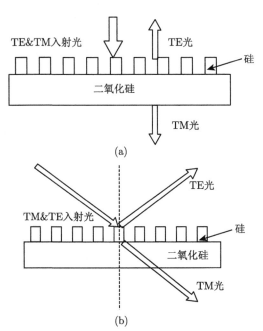

图 1.11 偏振分束器：(a) 垂直照射；(b) 布儒斯特角倾斜入射

2014 年，韩国 Lee 等提出了具有光束会聚特性的超表面结构偏振分束器[36]，如图 1.12 所示。TE 和 TM 偏振入射光分别透射会聚和反射会聚。光栅的周期和占空比都是固定的常数，通过改变各个光栅条的高度来实现相位控制，从而实现光束会聚。在高斯光束入射下，TE 和 TM 两个焦点的总功率效率大于 80%，偏振消光比约为 10 dB。这种可实现多种功能的光栅器件为光栅的研究工作提供了一种新思路，但是，由于光栅厚度变化不一，器件在制备时比较困难。

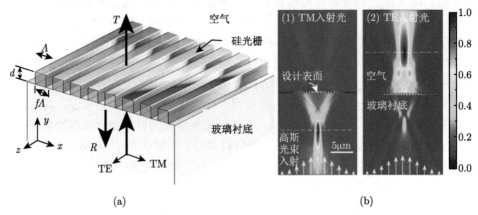

图 1.12   基于高折射率差光栅的会聚偏振分束器的 (a) 结构示意图和 (b) 仿真结果

2016 年，北京邮电大学的王莹等以图 1.13 的结构为基础拓展出了会聚性能 [37]，即在图 1.11 中衬底的最下方位置处添加了会聚光栅，使得离开器件的两类偏振光实现了会聚，这有利于提升器件的耦合效率。相比于光垂直入射，当入射光与端面法线呈一定角度照射时，有更好的偏振分束效果，可是分开的两束光的出射方向与端面不垂直，降低了与垂直耦合型光电探测器等集成的光电器件的耦合效率。

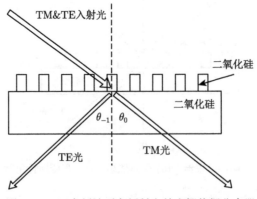

图 1.13   深度刻蚀型高折射率差光栅偏振分束器

近年来，通过新型结构或者半导体材料，学者们设计出了高性能的高折射率差光栅偏振分束器。比如，2016 年，武汉大学郑国兴等利用长和宽不相等的二维高折射率差光栅块设计了一种偏振分束器，该结构根据偏振敏感特性设计，在 TM 透射光端口的偏振消光比达到了 41 dB，但是 TE 反射光端口的偏振消光比为 10 dB，偏振消光比取两个中的最小值 [38]。2018 年，南京邮电大学李坤研究团队利用新型半导体材料 GaN 设计了一种周期型高折射率差光栅，能把 1550 nm 的混合偏振光分离成上下反向传播的单偏振光，偏振消光比达到了 27 dB[39]。若入射光以一定角度倾斜入射，这些新型偏振分束器也许会获得更好的工作效果，但是光就不能垂直端面出射了。

1.2.3 高折射率差光栅功分器

在高速大容量光通信系统中，光功率分束器 (功分器) 是实现光路连接、光信号功率分配、各器件之间的耦合控制、分波合波等功能的关键器件。随着集成光学领域对这些部件需求的大大增加，人们高度期望其具有低损耗、低成本、紧凑性、波长和偏振不敏感的特性。到目前为止，关于光功率分离器的各种报道有很多，其通常基于 Y 分支 [40]、多模干涉 [41]、光子晶体 [42] 和高折射率差光栅 [43,44]。随着微加工技术的发展，高折射率差光栅受到了人们越来越多的关注，人们期望高折射率差光栅能够以其结构、双折射效应实现特殊的光学功能。此外，它们的尺寸紧凑和质量轻，有利于光学系统的小型化和集成。因此，基于高折射率差光栅的功分器，由于其成本低而最近得到开发和研究，并且它们尺寸紧凑适合于大规模集成。

2008 年，Zhou 课题组设计了一种三端口的透射式二氧化硅光栅功分器 [45]，并进行了刻蚀制备和实验验证，其结构如图 1.14 所示。光栅设计过程是基于模式

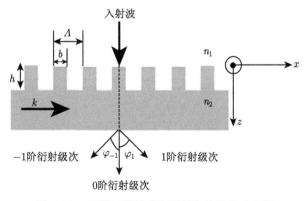

图 1.14 三端口透射式高折射率差光栅功分器

理论方法，光束垂直入射后被衍射至 0、1、−1 三个衍射级次中，且各自的衍射效率都在 32%～33%。

2011 年，Wang 团队提出的全内反射式二氧化硅光栅功分器[46]，0 级和 −1 级衍射光的效率几乎相等，并接近于 50%，且两束光传播方向夹角为 90°，如图 1.15 所示。文章还分别给出了入射光为 TM、TE 偏振和对偏振不敏感时的优化结构参数，这三种不同结构的光栅都能实现高效的功率分束，但带宽和角度容差相对较小。

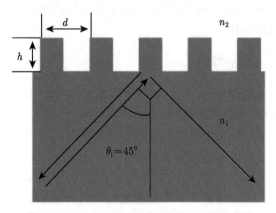

图 1.15　全内反射式高折射率差光栅功分器

2011 年，Ma 团队提出了一种 SOI 结构的宽带光栅功分器[47]，如图 1.16 所示，通过设计和优化光栅的结构参数，使入射光在光栅的上下两侧实现功分分束。该功分器实现了在 1500～1600 nm 波长范围内的偏振不敏感特性，且两束光的功率比约为 50∶50。此外，该结构具有较大的入射角度带宽和制备容差。

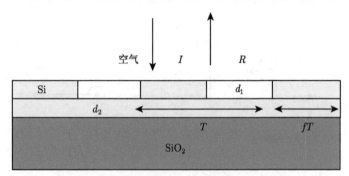

图 1.16　SOI 结构的宽带光栅功分器示意图

2011 年，清华大学 Zhou 课题组提出了一种基于双层二元闪耀光栅的 1×4 功分器[48]，其结构如图 1.17 所示，上下两层光栅的形状完全相同，光波在光栅层被分开后耦合到硅波导，然后，向四个不同的分支进行传输。对于 TE 偏振垂直入射波，当波长范围为 1538~1548 nm 时，四个输出端口的平均功率差小于 10%，并且光栅层的厚度具有 90 nm 的制备容差。

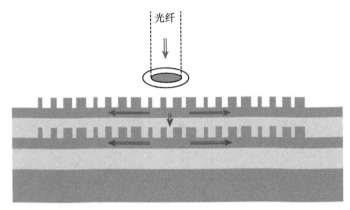

图 1.17　基于双层二元闪耀光栅的四端口功分器

2012 年，该课题组提出并展示了一种 1.55 μm 波长基于高折射率差二元闪耀光栅的双折射效应和有效介质理论的新型宽带分束器 (BS)[49]，如图 1.18 所示。为了实现高耦合效率和相等的功率分离，他们优化了光栅深度、周期，采用由对称的高折射率差光栅组成的双结构设计。使用三个反射镜，TE 入射光束被 BS 分成几乎相等功率 (反射率分别为 41% 和 43%) 的两个光束，并且两个输出端口的功率差在 20 nm 波长带宽范围内小于 3%。同时，TM 模型对于波导的右分支和左分支的耦合效率分别为 33% 和 40%。波导的两个端口的功率差在 80 nm 波长带宽范围内小于 10%。理论分析和仿真结果表明，他们设计的分束器具有耦合效率高、结构紧凑、偏振独立性强的优点。

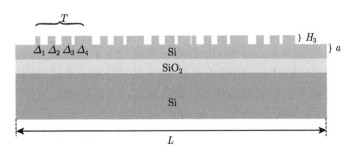

图 1.18　基于高折射率差闪耀光栅的分束器示意图

2013 年，中国科学院半导体研究所团队设计了一种具有高数值孔径的啁啾高折射率差光栅结构的平面透镜，实际上是一种具有双会聚功能的功分器[50]，如

图 1.19 所示。他们采用严格耦合波理论分析光栅结构的反射率、透射率和相位。在高反、高透区域选择满足相位的光栅尺寸。通过有限元法对聚焦特性进行数值模拟，得到具有大致相同功率比的反射和透射波。对于 TM 和 TE 的垂直入射，分别获得高达 0.91 和 0.92 的数值孔径，且在 1480～1620 nm 的波长范围内，反射与透射功率比几乎保持不变。

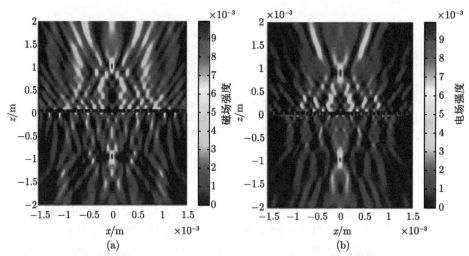

图 1.19　一维非周期高折射率差光栅的双会聚功分器：(a) TM 偏振光垂直入射时的磁场分布；(b) TE 偏振光垂直入射时的电场分布

2016 年，哈佛大学团队利用二维块状光栅设计了一种 1×3 功分器 [51]，能让一束入射光分解到三个方向输出，这三个方向是 0 级、+1 级与 −1 级，其中 0 级衍射方向的光透射率为 20%，±1 级的光透射率均为 38%。1×3 分光不仅是透射型的，还有基于反射类型设计的，比如在 2016 年，广东工业大学课题组通过条状光栅衍射原理设计了可以实现 1×3 功率分束的器件，这种功分器能将一束入射光反射衍射至 0 级与 ±1 级 [52]。与上述哈佛大学团队所设计的功分器不同，该功分器能实现均匀分光，即每个衍射级的能量接近于相等且与偏振态无关，还能在光栅厚度 0.69～0.72 μm 范围内实现 1×3 功率分束。通过光的衍射能够实现 1×3 分束，但是随着衍射级数的升高，能量变低，更多路的均匀分光 (如 1×4 分光) 很难继续通过衍射实现。

2017 年，北京邮电大学团队利用块状高折射率差光栅设计了能够实现 1×2 分光的功分器结构，可以让分开的两路光都实现光束会聚且功率接近于相等 [53]。2018 年，南京大学团队设计出了锥形结构的高折射率差光栅功分器，当一束光进入器件后会被耦合输出到两个不同的方向，该结构具有偏振不敏感特性 (即不受入射光偏振态的影响)，同时能量损耗比较少，且具有较宽的工作波长，在波长

$1.25\sim1.70$ µm 范围内也能实现分束 [54]。

1.2.4 高折射率差光栅滤波器

光滤波器作为一种重要的光通信器件，广泛地应用于新一代的密集波分复用 (DWDM) 系统 [55] 和全光网络 [56]，很大程度上提高了光传输系统的容量、灵活性和可扩展。目前人们主要致力于提高器件的制备技术，实现器件的波长稳定、更窄的线宽、更高的响应速度，从而满足 DWDM 系统、光电集成 (OEIC) 和光子集成 (PIC) 的需求。

近年来，基于导模共振效应的亚波长光栅结构实现滤波功能的光器件研究工作受到微纳光学领域科研人员的广泛关注 [57]。2009 年，Cho 等设计了强调制下的二维亚波长 Si 光栅结构，实现了 70% 以上的反射率和较高的角度容限 [58]。同年，Cheong 等提出了一种基于二维高折射率差光栅的反射型彩色滤波器 [59]。该滤波器具有 74% 的反射率和约 80 nm 的光谱宽度。此外，它对非偏振入射光具有高达 45° 的良好角度公差，如图 1.20 所示。

2013 年，Foley 等通过实验证明，使用硅/空气光栅的简单窄带透射滤波器 [60]，在 $8\sim14$ µm 表现出宽带高反射率，并且在略低于正常入射的情况下显示出窄的透射峰，如图 1.21 所示。2016 年，Xu 等设计了带有悬浮二氧化硅高折射率差光栅 (SWG) 的导模谐振滤波器 (GMRF)[61]，在垂直入射下可以表现出非偏振谐振滤波效果。结果表明，该器件在共振波长 (1.55 µm) 处可获得高反射率 (99.9% 以上)，TE 和 TM 偏振光的半高全宽 (FWHM) 分别仅为 1.0×10^{-2} µm 和 1.4×10^{-3} µm。

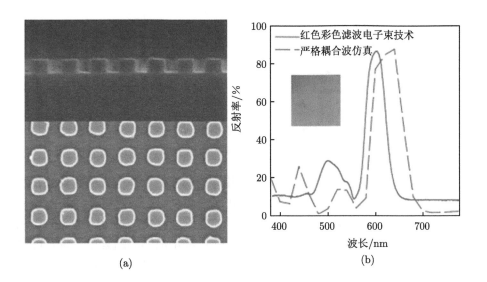

(a)　　　　　　　　　　　　(b)

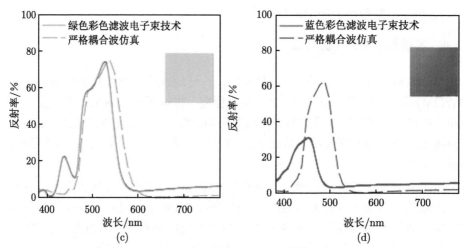

图 1.20   (a) 制备的基于二维高折射率差光栅的反射型彩色滤波器结构: (b) 红色谐振波长;
(c) 绿色谐振波长; (d) 蓝色谐振波长

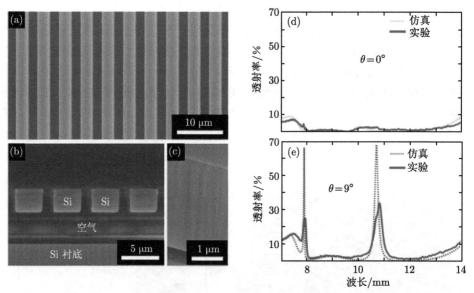

图 1.21   光栅的 SEM 照片: (a) 平面图; (b) 横截面图; (c) 侧壁轮廓; 以及 (d), (e) 不同角
度下的仿真与实验结果的比较

2017 年,Scherr 等通过实验证明了使用不对称亚波长介电光栅的长波长红外
窄带透射滤波器 [62]。他们采用两层光栅几何形状来定义不对称性,从而在垂直
入射时实现谐振窄带传输响应。实验证明了其峰值透射波长在 10~11.3 μm 变化,
如图 1.22 所示。2020 年,Wang 等提出了基于 SOI 晶圆的超紧凑、带宽可调的
滤波器 [63]。该器件基于级联的光栅辅助反向耦合器 (GACDC)。由于在亚波长光

栅和条形波导之间具有较大的耦合系数，耦合区域的长度仅为 100 μm。而且，弯曲的亚波长光栅和锥形带状波导的组合可有效地抑制旁瓣。该滤光器具有同步波长调谐的功能，不受自由光谱范围 (FSR) 的限制。

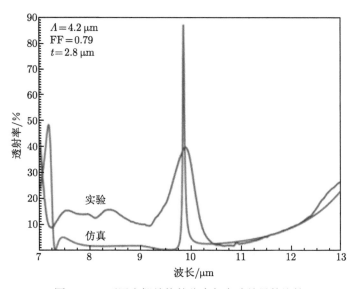

图 1.22　两层光栅结构的仿真与实验结果的比较

1.3　高折射率差光栅与光探测器集成的研究进展

高速、高量子效率、长波长 (1.3~1.55 μm) 半导体光探测器是宽带光通信系统中的重要器件之一。尽管目前研究的光探测器在性能上有很大提高，但是依然存在响应带宽和量子效率之间相互制约的问题。为了解决这一问题，各种不同结构的半导体光探测器应运而生，比如，谐振腔增强型结构、一镜斜置三镜腔结构、反射增强型结构等。高折射率差光栅因其具有高反射、高透射、宽光谱、光束控制、偏振选择等光特性而备受关注。高折射率差光栅作为反射镜与半导体光探测器集成，不但可以提高器件的量子效率，还可以保持高的响应带宽，能够满足未来光通信发展的需求。

1.3.1　高折射率差光栅与 PIN 光探测器的集成

PIN 光探测器是最普通的一种探测器。它具有结构简单、耦合效率高等优点，在光通信网络中得到广泛的应用 [64-66]。为了满足光网络快速发展的需要，实现具有高响应速率、高量子效率、低暗电流、易集成等特性的 PIN 光探测器是光通信发展的需求之一。将高折射率差光栅与 PIN 光探测器集成，解决了量子效率与响应带宽之间的矛盾，同时实现高速和高量子效率。

2012 年,北京邮电大学 Duan 等提出了基于亚波长同心环结构的 InGaAs PIN 光探测器 [67]，如图 1.23 所示，该探测器由 SOI 亚波长同心环光栅与 InGaAs PIN 光探测器吸收结构组成，利用 BCB 键合工艺把同心环光栅结构和 PIN 光探测器集成，该器件利用 SOI 高折射率差光栅作为宽光谱反射镜，在整个 S、C 和 L 通信波段内提高了光探测器的量子效率，同时保持高的响应带宽。与没有光栅的器件相比，该集成器件测得的量子效率提高了 39.5%，同时获得了在 1.55 μm 波长处的 53%的量子效率和在 3 V 的反向偏压下 3 dB 带宽为 25 GHz。

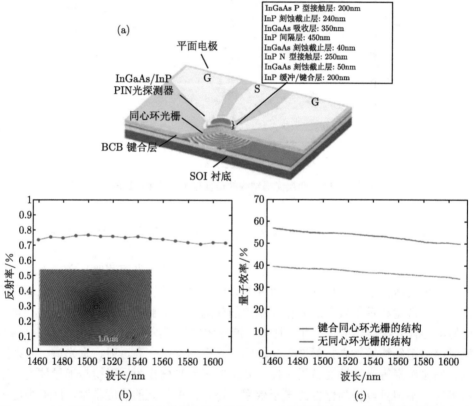

图 1.23   (a) 基于 SOI 同心环高折射率差光栅的 PIN 光探测器结构；(b) 高折射率差光栅结构的反射率曲线；(c) PIN 光探测器，以及与亚波光栅集成的探测器的量子效率

2014 年，该课题组 Hu 等提出了基于硅基谐振波导型亚波长光栅的具有增强量子效率的 InP/InGaAs PIN 光探测器 [68]，如图 1.24 所示，测量结果表明，当 TE 偏振波长范围为 1500~1600 nm 时，与硅谐振波导光栅集成的光探测器的量子效率可以提高 31.6%。

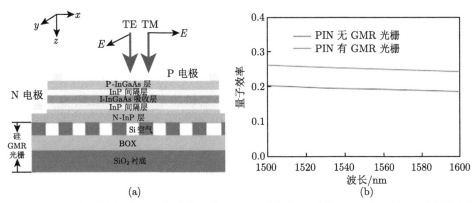

图 1.24 (a) 基于谐振波导高折射率差光栅的 PIN 光探测器结构；(b) 有/无高折射率差光栅集成的探测器的量子效率

2015 年，该课题组 Huang 等提出了基于偏振不敏感亚波长光栅的 InGaAs/InP PIN 光探测器[69]。通过引入超过 80% 反射率的偏振不敏感高折射率差光栅，光探测器的量子效率提高了 50%，如图 1.25 所示。

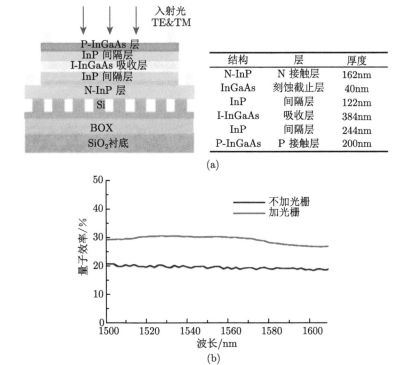

结构	层	厚度
N-InP	N 接触层	162nm
InGaAs	刻蚀截止层	40nm
InP	间隔层	122nm
I-InGaAs	吸收层	384nm
InP	间隔层	244nm
P-InGaAs	P 接触层	200nm

图 1.25 (a) 基于偏振不敏感高折射率差光栅的 PIN 光探测器结构；(b) PIN 光探测器，以及与高折射率差光栅集成的探测器的量子效率

2016 年，Duan 等又提出了基于 SOI 非周期亚波长同心环结构的 PIN 蘑菇形光探测器[70]，如图 1.26 所示。该探测器通过使用蘑菇形台面结构来降低其电阻电容 (RC) 时间常数，可以获得高速度；同时，使用 SOI 非周期亚波长同心环光栅作为会聚反射镜来提高器件的量子效率。在直径为 30 μm 的器件上测量的 1.55 μm 的波长处量子效率为 45.28%，与不加反射镜的光探测器相比增加了 21.4%；并且，同时测量到在 3 V 的反向偏压下 3 dB 带宽为 30 GHz。

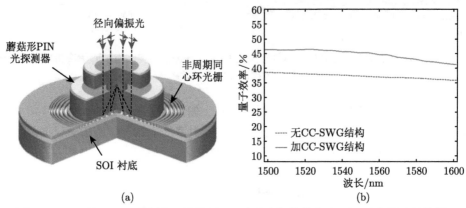

图 1.26   (a) 基于 SOI 非周期亚波长同心环会聚光栅的蘑菇形 PIN 光探测器结构图；
(b) PIN 光探测器，以及与亚波光栅集成的探测器的量子效率

2018 年，Duan 等提出了一种反射增强型高速光探测器，该探测器在二维 (2D) 非周期性聚焦光栅上集成了蘑菇台面 PIN 结构[71]。蘑菇台面 PIN 光探测器由于其低 RC 时间常数而表现出高频率响应。二维非周期性聚焦光栅不仅由于其反射和聚焦能力可以提高器件的量子效率，而且对入射光的偏振不敏感。该器件的量子效率为 44.71%，测得的 3 dB 带宽高达 32 GHz。

1.3.2   高折射率差光栅与 RCE 光探测器的集成

谐振腔增强 (RCE) 光探测器可以实现谐振腔中多反射光波的全吸收，具有薄吸收层，保证了高速信号处理的能力。因此，它们具有高速度、高量子效率、窄谱线宽度和耦合方便等特性，成为探测光纤通信光波信号的良好候选者[72−75]。另一方面，制备长波长 (约 1.55 μm) InP 的 RCE 光探测器存在可用材料之间折射率差小的问题[76,77]。由于高折射率差光栅可以作为宽带高反射镜代替 DBR，改善外延层的厚度误差，而 RCE 光探测器性能也没有退化，所以，使用高折射率差光栅结构与 RCE 光探测器集成，不但能保持器件的高性能，还能简化器件的结构，解决了制备工艺复杂带来的诸多问题[78]。

2010 年，北京邮电大学 Yang 课题组提出了一种基于二维高折射率差光栅结构的 RCE 光探测器[79]，如图 1.27 所示。高折射率差光栅在 1.55 µm 时的反射率可以达到 99.98%，同时在 1.47~1.59 µm 波长范围内保持高于 99% 的反射率。他们引入高折射率差光栅反射镜作为 RCE 光探测器的底镜。RCE 光探测器的量子效率在 1.55 µm 时提高到 95.7%，与使用 DBR 底镜相比，器件的尺寸显著减小。

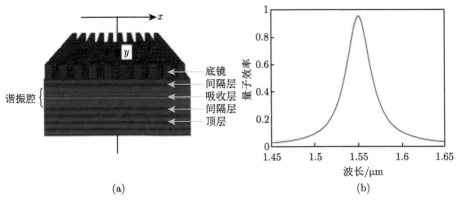

图 1.27 (a) 基于二维高折射率差光栅结构 RCE 光探测器的结构示意图；(b) 与高折射率差光栅集成的光探测器的量子效率

2013 年，该课题组 Zhang 等提出一种 InGaAs / InP 漂移增强型双吸收层 PIN 光探测器，设计并研究了使用 BCB 作为黏合剂将 SOI 的同心圆形高折射率差光栅集成在双吸收层 PIN 光探测器上[80]，如图 1.28 所示，该器件利用 SOI 高折射率差光栅作为宽光谱反射镜，在整个 S、C 和 L 通信波段内提高了光探测器的

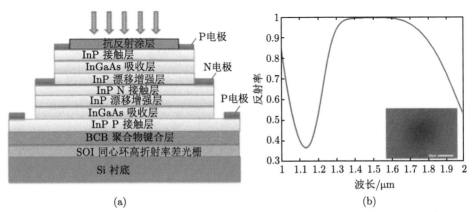

图 1.28 (a) 基于 SOI 亚波长同心环光栅的双吸收层 PIN 光探测器结构图；(b) 亚波长同心环光栅反射率

量子效率，同时保持高的响应带宽。与没有光栅的器件相比，器件的量子效率从 26.33％增加到 48.91％。

此外，2013 年，有学者提出了基于双层高折射率差光栅的可调谐谐振腔增强型 (RCE) 光探测器 [81]，如图 1.29 所示。该探测器由 InP HCG，Ⅲ-V 族 PIN 二极管和底部 SOI HCG 组成。光垂直照射在 InP HCG 上，通过在调谐触点和 P 触点之间施加电压，可以向下拉动顶部 InP HCG 区域，从而减小 InP HCG 反射镜下方的气隙的厚度。以这种方式使得谐振波长 (即检测波长) 向较短波长方向移动，实现可调谐作用。

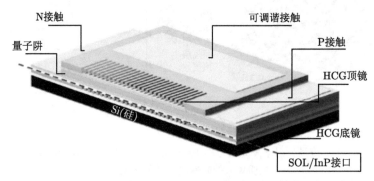

图 1.29   基于 HCG 的可调谐谐振增强型光探测器横截面的示意图

2019 年，北京邮电大学 Zeng 等提出了基于高折射率差光栅结构的谐振腔增强光探测器 (RCE-PD) 新型结构 [82]，以克服在 1550 nm 波长处制备 RCE-PD 高反射镜的困难，如图 1.30 所示。在这种结构中，高折射率差光栅用作 RCE-PD

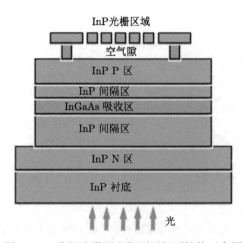

图 1.30   谐振腔增强光探测器新型结构示意图

的顶镜。在带宽优化过程中,他们引入总本征区与吸收层的厚度比,以实现间隔层与吸收层厚度的同时优化。经过结构优化后,直径为 20 μm 的结构在 1550 nm 处的量子效率为 82%,而 3 V 偏压下的 3dB 带宽为 34 GHz。

1.3.3 高折射率差光栅与其他类型光探测器的集成

2014 年,常瑞华教授课题组的 Yang 等提出了亚波长高折射率差可调谐光探测器[83],如图 1.31 所示。可调谐探测器由一个可调谐嵌入式多量子阱 (MQW) 的法布里–珀罗腔 (F-P) 作为吸收层构成。高折射率差和 DBR 分别作为腔的顶部反射镜和底镜。高折射率差光栅完全悬浮在空气中,可以静电驱动跨越波长调谐结点 (顶部 PN 结) 的反向偏压,从而改变空腔的谐振波长。光在腔谐振波长处垂直入射,通过光电二极管结 (底部 PN 结) 产生并提取光电流。

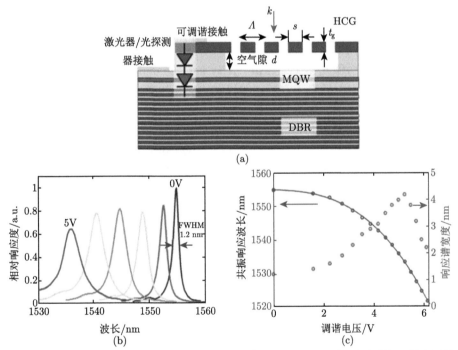

图 1.31 (a) 亚波长高折射率差可调谐光探测器结构图;(b) 光探测器响应谱与调谐电压关系图;(c) 不同调谐电压下的共振响应波长 (蓝色) 和响应谱宽度 (红色)

2015 年,Fan 等提出了与同心环高折射率差集成的新型解复用光探测器[84],如图 1.32 所示。该器件可用于 100 GHz 信道间隔 DWDM 系统。仿真计算得到,光探测器的量子效率超过 90%,同时获得 0.6 nm 的谱线宽 (FWHM),0.47 nm 的带宽为 −0.5 dB,0.85 nm 的带宽为 25 dB。

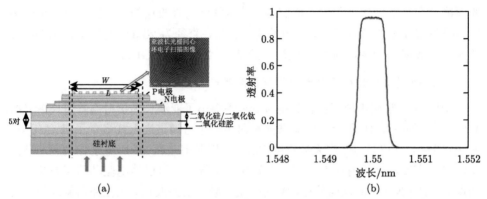

图 1.32　(a) 与亚波长同心环光栅集成的新型解复用光探测器结构图；(b) 仿真得到的集成器件的量子效率

1.4　高折射率差光栅与 VCSEL 集成的研究进展

　　垂直腔表面发射激光器 (vertical cavity surface emitting laser，VCSEL) 是一种发射光的出光方向垂直于有源区和衬底的半导体激光器，它体积小、阈值低、出光方向性好、易耦合、易检测、易成阵列，可以在解理之前进行基本的性能测试，制造成本低，是一种芯片间光互连的最佳光源。VCSEL 这个概念由日本东京工业大学的伊贺健一 (Kenichi Iga) 教授在 1977 年首次提出，之后备受研究人员的关注，得到了快速的发展，其在高速光通信网络中的应用得到人们越来越多的关注。长波长 VCSEL (发射波长范围 1.3~1.6 μm) 对于数据和计算机通信，光接入网络，以及光互连的升级应用是非常需要的。另外，无跳跃、快速和广泛可调谐的 VCSEL 是光学相干断层扫描成像 (OCT) 和激光雷达 (LIDAR) 的理想选择。比如，在 LIDAR 系统中，角度可控半导体激光器具有价格低、使用寿命长、设备尺寸缩小、效率高等优点，但是如果使用旋转多角镜的机械方法，将会导致光学系统体积庞大、复杂、不稳定和慢速。再比如，VCSEL 发射端面处发出的光波横截面积很大，要将其耦合到端面较小的光纤中进行传输时，需要借助于外部的耦合透镜，不仅导致整个激光器系统的体积增大，而且增加了系统的成本。为了避免上述问题，利用能够实现光反射、透射、偏振、光束偏转和会聚等光场特性的纳米尺度高折射率差光栅与 VCSEL 进行集成，这不但解决了机械方法引入的复杂、昂贵、不稳定和慢速的光学系统问题，而且还大大地降低了外延复杂性，并增加了制备的容差。

　　2012 年，Grundl 等为了实现 MEMS 波长可调谐 VCSEL 偏振的控制[85]，提出将高折射率差光栅放置于其内腔当中，并在实验上得到实现。同年，Li 等提出了基于高折射率差光栅的偏振稳定 VCSEL 结构[86]，实验结果显示，集成高折射率差光栅结构后, 整个激射过程中偏振方向被固定在平行于光栅槽的方向上, 获得偏振稳定激光输出, 正交偏振抑制比大于 12dB, 且阈值电流仅增大 7.14%。

2016 年, 长春理工大学田锟等利用内腔高折射率差光栅的方法, 实现 VCSEL 的 TE 或 TM 的增透特性, 进一步提高了器件腔内的光场分布以及激射光束的模式控制, 使得器件波长调谐范围得到扩大[87]; 同年, Reza 团队提出一种基于电泵浦高折射率差光栅的 VCSEL, 该结构在电流密度大于 2A/m² 的电泵下可以达到激射条件[88]。

2017 年, 波兰的罗兹理工大学物理研究所 Czyszanowski 等提出了一种新型的 980 nm VCSEL 结构, 用亚波长高折射率差光栅代替 VCSEL 中的顶层 DBR, 与传统的 DBR 相比, 其具有更短的有效腔长, 减少了器件的结构应变, 为光互连 (OI) 高带宽密度、光谱传感器等提供可靠的支持技术[89]; 同年, 波兰的 Marciniak 等通过分析 VCSEL 附近物质的折射率变化, 以及吸收率对器件顶部反射镜亚波长高折射率差光栅的影响发现, 可以通过改变光栅附近的共振光的特性来检测甲烷。这表明, 这种基于高折射率差光栅 VCSEL 的传感机制可以构建一个新的紧凑型光学传感系统, 而无须再添加光电探测器。

2018 年, Huang 等提出了一种具有多角度光束控制的 VCSEL[90], 采用有限时域差分法模拟了特殊排列的非周期高折射率差光栅, 并获得了 $-10.644°$, $-21.176°$, $-28.307°$, $10.644°$, $21.447°$ 和 $28.418°$ 的光束控制角度。

2019 年, Wang 等提出了一种 850nm 波长内腔高折射率差光栅结构的可调谐 VCSEL[91], 如图 1.33 所示。他们利用高折射率差光栅的双折射和抗反射特性, 获得了具有宽波长调谐范围和稳定 TE 偏振模的可调 VCSEL。结果表明, 该 VCSEL 的波长调谐范围为 22.7 nm, 20 °C 时峰值输出功率为 1.6 mW, 偏振抑制比大于 20 dB。

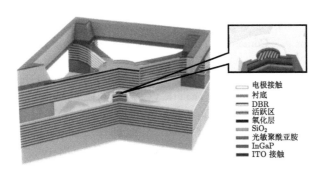

图 1.33 具有内腔高折射率差光栅结构的可调谐 VCSEL

参 考 文 献

[1] 赵艳飞. 光通信系统中的 Super FEC 研究 [D]. 哈尔滨: 哈尔滨工业大学, 2010.

[2] Chang-Hasnain C J, Yang W J. High-contrast gratings for integrated optoelectron-ics[J]. Advances in Optics and Photonics, 2012, 4: 379-440.

[3] Mateus C F R, Huang M C Y, Chen L, et al. Broad-band mirror (1.12-1.62 μm) using a subwavelength grating [J]. Photonics Technology Letters, IEEE, 2004, 16(7): 1676-1678.

[4] Qiao P, Yang W, Chang-Hasnain C J. Recent advances in high-contrast metastruc-tures, metasurfaces, and photonic crystals[J]. Advances in Optics and Photonics, 2018, 10(1): 180-245.

[5] Karagodsky V, Sedgwick F G, Chang-Hasnain C J. Theoretical analysis of subwave-length high contrast grating reflectors [J]. Opt. Express, 2010,18 (16): 16973-16988.

[6] Sun T, Chang-Hasnain C J. Surface-normal coupled four-wave mixing in a high con-trast grating resonator [J]. Opt. Express, 2015, 23(23): 1, 2.

[7] Zhang H, Wang T, Sun J, et al. High-contrast grating resonator supported quasi-BIC lasing and gas sensing[J].Optics, 2021: 1-5.

[8] Wang B, Zhou C, Wang S, et al. Polarizing beam splitter of a deep-etched fused-silica grating [J]. Opt. Letters, 2007, 32(10): 1299-1301.

[9] Ye J S, Matsuyama N, Kanamori Y, et al. Silicon suspended resonant grating filters fabricated from a silicon-on-insulator wafer [J]. IEEE Photonics Technology Letters, 2008, 20(10): 851-853.

[10] Lu M, Deng C, Sun Y, et al. High extinction ratio and broadband polarization beam splitter based on bricked subwavelength gratings on SOI platform[J]. Optics Commu-nications, 2022,516: 128288-1-28288-1-5.

[11] van Laere F, Roelkens G, Ayre M, et al. Compact and highly efficient grating cou-plers between optical fiber and nanophotonic waveguides [J]. Journal of Lightwave Technology, 2007, 25(1): 151-156.

[12] Li K, Rao Y, Chase C, et al. Beam-shaping single-mode VCSEL with a high-contrast grating mirror [C]. Conference on Lasers and Electro-Optics: Science & Innovations, 2016: SF1L.7.

[13] Chung I S, Iakovlev V, Sirbu A, et al. Broadband MEMS-tunable high-index-contrast subwavelength grating long-wavelength VCSEL[J]. IEEE Journal of Quantum Elec-tronics, 2010, 46(9): 1245-1253.

[14] Shang Y F, Huang Y Q, Duan X F, et al. Study on resonant cavity enhanced photode-tector using subwavelength grating [A]. Advances in Optoelectronics and Micro/Nano-Optics (AOM), 2010: 1-3.

[15] Huang L, Xiao Y, Wu H, et al. A reasonable tolerance multilayered polarization-insensitive grating reflector[J]. Physica Scripta, 2021, 96(10): 105503-1-8.

[16] Lu F, Sedgwick F G, Karagodsky V, et al. Planar high-numerical-aperture low-loss focusing reflectors and lenses using subwavelength high contrast gratings [J]. Opt.

Express, 2010, 18(12): 12606-12614.

[17] Fattal D, Li J, Peng Z, et al. Flat dielectric grating reflectors with focusing abilities [J]. Nature Photonics, 2010, 4(7): 466-470.

[18] Carletti L, Malureanu R, Mørk J, et al. High-index-contrast grating reflector with beam steering ability for the transmitted beam [J]. Opt. Express, 19(23), 2011: 23567-23572.

[19] Bekele D A, Park G C, Malureanu R, et al. Polarization-independent wideband high-index-contrast grating mirror [J]. Photonics Technology Letters, IEEE, 2015, 27(16): 1733-1736.

[20] Wu H, Feng J, Zhou Z, et al. Ultra Broadband SOI binary blazed grating mirror [C]. 5th Int. Conf. on Group IV Photonics, Sorrento, Italy, 2008: 299-301.

[21] Yang J, Dong Y, Xu Y, et al. Broadband and high extinction ratio polarizationbeam splitter on tilted subwavelength gratingswaveguide[J]. Applied Optics, 2020, 59(25): 7705-7711.

[22] Saidani N, Belhadj W, Abdelmalek F, et al. Detailed investigation of self-imaging in multimode photonic crystal waveguides for applications in power and polarization beam splitters [J]. Opt. Commun., 2012, 285(16): 3487-3492.

[23] Dai D, Wang Z, Peters J, et al. Compact polarization beam splitter using an asymmetrical Mach–Zehnder Interferometer based on silicon-on-insulator waveguides [J]. IEEE Photon Technol. Lett., 2012, 24(8): 673-675.

[24] Fukuda H, Yamada K, Tsuchizawa T, et al. Ultrasmall polarization splitter based on silicon wire waveguides [J]. Opt. Express, 2006, 14(25): 12401-12408.

[25] Huang Y, Tu Z, Yi H, et al. High extinction ratio polarization beam splitter with multimode interference coupler on SOI [J]. Opt. Commun., 2013, 307: 46-49.

[26] 赵华君, 杨守良, 张东, 等. 亚波长金属偏振分束光栅设计分析 [J]. 物理学报, 2009, 58(9): 6236-6242.

[27] Wang B. Polarizing beam splitter of total internal reflection fused-silica grating under second Bragg angle incidence [J]. Optoelectronics & Advanced Materials-Rapid Communications, 2011, 5(5-6): 484-487.

[28] Wang B, Lei L, Chen L, et al. Connecting-layer-based polarizing beam splitter grating with high efficiency for both TE and TM polarizations [J]. Optics & Laser Technology, 2012, 44(7): 2145-2148.

[29] Wang B, Chen L, Lei L, et al. Diffractive polarizing beam splitter of two-layer grating for operation in reflection [J]. Opt. Commun., 2013, 311(2): 307-310.

[30] Tang Y, Dai D, He S. Proposal for a grating waveguide serving as both a polarization splitter and an efficient coupler for silicon-on-insulator nanophotonic circuits [J]. IEEE Photon Technol. Lett., 2009, 21(4): 242-244.

[31] Feng J, Zhou Z. Polarization beam splitter using a binary blazed grating coupler [J]. Opt. Lett., 2007, 32(12): 1662-1664.

[32] Zhang Y, Jiang Y, Xue W, et al. A broad-angle polarization beam splitter based on

a simple dielectric periodic structure [J]. Opt. Express, 2007, 15(22): 14363-14368.

[33] Streshinsky M, Shi R, Novack A, et al. A compact bi-wavelength polarization splitting grating coupler fabricated in a 220 nm SOI platform [J]. Opt. Express, 2013, 21(25): 31019-31028.

[34] Zhao H J, Yuan D R, Wang P, et al. Design of a fused-silica subwavelength polarizing beam splitter grating based on the modal method[J].Chinese Optics Letters,2010,27(2): 127-130.

[35] 张曦. 亚波长光栅及其应用的研究 [D]. 武汉: 华中科技大学,2012.

[36] Lee J H, Yoon J W, Jung M J, et al. A semiconductor metasurface with multiple functionalities: A polarizing beam splitter with simultaneous focusing ability [J]. Applied Physics Letters, 2014, 104(23): 233505-1-233505-4.

[37] Wang Y, Huang Y Q, Guo Y N, et al. Polarizing beam splitter with focusing ability based on sub-wavelength gratings[C]. Optoelectronics & Communications Conference, 2016.

[38] Zheng G X, Liu G G, Kenney M G, et al. Ultracompact high-efficiency polarising beam splitter based on silicon nanobrick arrays[J]. Optics Express, 2016, 24(6): 6749-6757.

[39] 李坤, 胡芳仁, 沈瑞, 等. 氮化镓亚波长光栅偏振分束器的设计与分析 [J]. 光通信研究,2008,205(1): 31-32.

[40] Tang X G, Liao J K, Li H P, et al. Design and analysis of a novel tunable optical power splitter [J]. Chinese Optics Letters, 2011, 9(1): 012301-012303.

[41] Zhang Y W, Liu L Y, Wu X, et al. Splitting-on-demand optical power splitters using multimode interference (MMI) waveguide with programmed modulations [J]. Optics Communications, 2008, 281(3): 426-432.

[42] Ahmed R, Khan M, Ahmmed R, et al. Design, simulation & optimization of 2D photonic crystal power splitter [J]. Optics and Photonics Journal, 2013, 3, 13-19.

[43] Wu H M, Mo W Q, Hou J, et al. Polarizing beam splitter based on a subwavelength asymmetric profile grating[J]. Journal of Optics, 2009, 12(1): 015703.

[44] Li G Q, Duan X F, Huang Y Q, et al. Flattransmitted serrated-phase high-contrast-index subwavelength grating beam splitter[J]. Chinese Optics Letters, 2020, 18(11): 26-30.

[45] Feng J, Zhou C, Wang B, et al. Three-port beam splitter of a binary fused-silica grating [J]. Applied Optics, 2008, 47(35): 6638-6643.

[46] Wang B. High-efficiency two-port beam splitter of total internal reflection fused-silica grating [J]. Journal of Physics B: Atomic, Molecular & Optical Physics, 2011, 44(6): 157-160.

[47] Ma J Y, Xu C, Qiang Y H, et al. Broadband non-polarizing beam splitter based on guided mode resonance effect [J]. Chinese Physics B, 2011, 20(10): 272-276.

[48] Yang J, Zhou Z, Wang X J, et al. A compact double-layer subwavelength binary blazed grating 1×4 splitter based on silicon-on-insulator [J]. Opt. Lett., 2011, 36(6): 837-839.

[49] Yang J B, Zhou Z P. Double-structure, bidirectional and polarization-independent subwavelength grating beam splitter [J]. Optics Communications, 2012, 285: 1494-1500.

[50] Lv X, Qiu W, Wang J X, et al. A chirped subwavelength grating with both reflection and transmission focusing[J]. IEEE Photonics Journal, 2013, 5(2): 2200907.

[51] Khorasaninejad M, Crozier K B. Silicon nanofin grating as a miniature chirality distinguishing beam splitter[J]. Nature Communications, 2014, 5(5): 5386-5391.

[52] 舒文浩. 基于高密度光栅的三通道分束器研究 [D]. 广州: 广东工业大学, 2016.

[53] Wang Y, Huang Y Q, Fang W J, et al. Novel beam splitter based on 2D subwavelength high-contrast gratings[C]. Asia Communication and Photonics Conference(ACP), 2016.

[54] Xiao J B, Guo Z Z. Ultracompact polarization-insensitive power splitter using subwavelength grating[J]. IEEE Photonics Technology Letters, 2018, 30(99): 529-532.

[55] Willey R R . Achieving narrow bandpass filters which meet the requirements for DWDM[J]. Thin Solid Films, 2001, 398: 1-9.

[56] Kaminow I P , Doerr C R , Dragone C , et al. A wideband alloptical WDM network[J]. IEEE Journal on Selected Areas in Communications, 2002, 14: 780-799.

[57] Prencipe A, Baghban M A, Gallo K. Tunable ultra-narrowband grating filters in thin-film lithium niobate[J].ACS Photonics，2021, 8(10): 2923-2930.

[58] Cho E H , Kim H S , Cheong B H , et al. Two-dimensional photonic crystal color filter development[J]. Optics Express, 2009, 17(10): 8621-8629.

[59] Cheong B H , Prudnikov O N , Cho E , et al. High angular tolerant color filter using subwavelength grating[J]. Applied Physics Letters, 2009, 94(21): 117.

[60] Foley J M , Young S M , Phillips J D . Narrowband mid-infrared transmission filtering of a single layer dielectric grating[J]. Applied Physics Letters, 2013, 103(7): 071107.

[61] Xu L H, Zheng G G, Zhao D L, et al. Polarization-independent narrow-band optical filters with suspended subwavelength silica grating in the infrared region[J]. Optik - International Journal for Light and Electron Optics, 2016, 127(2): 955-958.

[62] Scherr M , Barrow M , Phillips J . Long-wavelength infrared transmission filters via two-step subwavelength dielectric gratings[J]. Optics Letters, 2017, 42(3): 518-521.

[63] Wang K N, Wang Y, Guo X H. Ultracompact bandwidth-tunable filter based on subwavelength grating-assisted contra-directional couplers[J]. Frontiers of Optoelectronics, 2020: 1-7.

[64] Bowers J E, Burrus Jr C. Ultrawide-band long-wavelength p-i-n photodetectors [J]. Journal of Lightwave Technology, 1987, LT-5(10): 1339-1349.

[65] Effenberger F J, Joshi A M. Ultrafast dual-depletion region, InGaAdInP p-i-n detector [J]. Journal of LightwaveTechnology, 1996, 14(8): 1859-1864.

[66] Qi X, Ji X, Yue J, et al. A self-powered deep-ultraviolet photodetector based on a hybrid organic-inorganic p-P3HT/n-Ga2O3 heterostructure[J].Phys. Scr., 2022,97: 075804-1-6.

[67] Duan X, Huang Y, Ren X, et al. High-efficiency InGaAs/InP photodetector incorporating SOI-based concentric circular subwavelength gratings[J]. IEEE Photonics Technology Letters, 2012, 24(10): 863-865.

[68] 胡劲华, 黄永清, 任晓敏, 等. Realization of quantum efficiency enhanced PIN photodetector by assembling resonant waveguide grating [J]. Chinese Optics Letters, 2014, 12(7): 57-59.

[69] Fei J, Wang J, Liu K, et al. Quantum efficiency enhanced InGaAs/InP photodetector with polarization insensitive subwavelength gratings[C]// Asia Communications and Photonics Conference, 2015: AM2A.5.

[70] Duan X, Wang J, Huang Y, et al. Mushroom-mesa photodetectors using subwavelength gratings as focusing reflectors [J]. IEEE Photonics Technology Letters, 2016, 28(20): 2273-2276.

[71] Duan X , Chen H , Huang Y , et al. Polarization-independent high-speed photodetector based on a two-dimensional focusing grating[J]. Applied Physics Express, 2018, 11(1): 012201.

[72] Zhou Y, Cheng J, Allerman A A. High-speed wavelength-division multiplexing and demultiplexing using monolithic quasi-planar VCSEL and resonant photodetector arrays with strained InGaAs quantum wells [J]. IEEE Photonics Technology Letters, 2000, 12(2): 122-124.

[73] Yoo J J, Leight J E, Kim C, et al. Experimental demonstration of a multihop shuffle network using WDM multiple-plane optical interconnection with VCSEL and MQW/DBR detector arrays[J]. 1998, 10(10): 1507-1509.

[74] Ren X, Campbell J C. Theory and simulations of tunable two-mirror and three-mirror resonant-cavity photodetectors with a built-in liquid-crystal layer[J]. IEEE Journal of Quantum Electronics, 1996, 32(11): 1903-1915.

[75] Huang H, Huang Y, Wang X, et al. Long wavelength resonant cavity photodetector based on InP/air-gap Bragg reflectors[J]. Photonics Technology Letters, IEEE, 2004, 16(1): 245-247.

[76] Dentai A G, Kuchibhotla R, Campbell J C, et al. High quantum efficiency, long wavelength InP/InGaAs microcavity photodiode [J]. Electronics Letters, 1991, 27(23): 2125-2127.

[77] Salet P, Pagnod-Rossiaux P, Gaborit F, et al. Gas-source molecular-beam epitaxy and optical characterisation of highly-reflective InGaAsP/InP multilayer Bragg mirrors for 1.3 μm vertical-cavity lasers[J]. Electronics Letters, 1997, 33(13): 1145-1147.

[78] Gong Q L,Xiao F D,Wei F Y, et al. Quasi-resonant cavity enhanced photodetector with a subwavelength grating[J]. Chinese Optics Letters,2022,3: 18-23.

[79] Yang Y S, Huang Y Q, Ren X M, et al. Design net-grid subwavelength gratings for high quantum efficiency photodetectors[J]. Advanced Materials Research, 2010, 93-94: 43-48.

[80] Zhang K R, Huang Y Q, Duan X F. High-speed drift-enhanced multiple-junction pho-

todetector with Si-based subwavelength gratings [J]. Applied Mechanics & Materials, 2013, 411-414: 1517-1520.

[81] Learkthanakhachon S, Yvind K, Chung I S. Tunable resonant-cavity-enhanced photodetector with double high-index-contrast grating mirrors [J]. Proceedings of SPIE, 2013, 8633: 86330Y.

[82] 曾昆, 段晓峰, 黄永清, 等. Design and study of a long-wavelength monolithic high-contrast grating resonant-cavity-enhanced photodetector[J]. Optoelectronics Letters, 2019, 15(4): 250-254.

[83] Yang W, Gerke S A, Zhu L, et al. Long-wavelength tunable detector using high-contrast grating [J]. IEEE Journal of Selected Topics in Quantum Electronics, 2014, 20(6): 1-8.

[84] Fan X, Bai C, Xia Z, et al. A novel demultiplexing photodetector with integrated concentric circular subwavelength gratings[C]// Asia Communications and Photonics Conference, 2015: ASu2A. 14.

[85] Grundl T, Zogal K, Debernardi P, et al. Continuously tunable, polarization stable SWG MEMS VCSELs at 1.55μm[J]. Photonics Technology Letters, IEEE, 2013, 25(9): 841-843.

[86] 李硕, 关宝璐, 史国柱, 等. 亚波长光栅调制的偏振稳定垂直腔面发射激光器研究 [J]. 物理快报, 2012, 61(18): 184208.

[87] 田锟, 邹永刚, 海一娜. 亚波长抗反射光栅的设计 [J]. 中国激光, 2016, 43(9): 24-31.

[88] Reza M, Darvish G, Ahmadi V. Design and simulation of a high contrast grating organic VCSEL under electrical pumping[J]. Organic Electronics, 2016, 35(8): 47-52.

[89] Czyszanowski T, Gebski M, Dems M, et al. Subwavelength grating as both emission mirror and electrical contact for VCSELs in any material system[J].Scientific Reports,2017, 12(7): 1-11.

[90] 黄佑文, 张星, 张建伟, 等. 应用于 VCSEL 的宽角度光束控制非周期性高对比度光栅阵列 (英文)[J]. 红外与毫米波学报, 2018, 01(37): 22-26.

[91] Wang X, Zou Y, Shi L, et al. Polarization-stabilized tunable VCSEL with internal-cavity sub-wavelength grating[J]. Optics Express, 2019, 27(24): 35499.

第 2 章 光波导基础

本章重点叙述平板介质光波导中的几何光学理论以及波动光学理论，并以这两个理论作为学习基础，继续研究在折射率突变光波导和条形光波导中的场分量以及模式方程。

2.1 光波导种类

光波导是一种把光限制在内部或者表面附近，使光线能沿着确定方向传播的介质装置。它包括平面光波导、条形光波导，以及圆柱形光波导。

图 2.1(a) 为平面光波导，这类光波导由上、中、下三层材料构成，中间的一层是折射率大的薄膜，称为波导层，波导层的厚度一般是以微米计算，光被限制在波导层里实现了传播；波导层的上层是折射率小于中间介质的覆盖层；最下层是衬底，折射率小于中间的介质。衬底层与覆盖层的厚度远大于波导层，因此它们的厚度在理论上可以认为是无穷大。

图 2.1(b) 是条形光波导，其波导层的宽度尺寸有限，光能量主要集中在条形带状介质里。同平面光波导类似，波导层介质的折射率大于外层介质。

图 2.1(c) 是圆柱形光波导，这类光波导的导光材料是把纯净的硅单质经过拉丝工艺制成，其最内层是折射率为 n_1 的纤芯，外层是包裹纤芯折射率为 n_2 的涂覆层，且 $n_1 > n_2$。我们熟悉的光纤就是通过圆柱形光波导原理制成的。

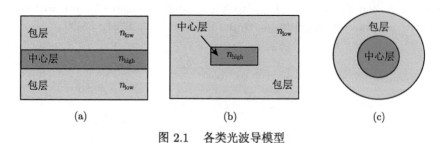

图 2.1 各类光波导模型

2.2 光波导的几何光学理论

以几何光学理论为基础对光波导做传输分析，过程会简单直观，可以方便地给出物理意义。

2.2.1 平面光波导的几何光学理论

由于条形光波导和柱形光波导的传输基本原理在几何光学方面与平面光波导一样，因此本节以平面光波导为例，讲解其中的几何光学特性。

微米量级的介质波导可以实现光的发射、传输以及调制等功能，其基本模型如图 2.2 所示，图中折射率 $n_1 > n_2 \geqslant n_3$。当 $n_2 = n_3$ 时，称为对称光波导；当 $n_2 \neq n_3$ 时，称为非对称光波导。

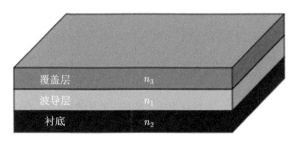

图 2.2 平面光波导模型

首先介绍光的折射的基本知识。如图 2.3 所示，当一束入射光从折射率为 n_{high} 的透明介质入射到折射率为 n_{low} 的透明介质时，在两个介质的交界处，光线被分成了两束，一部分发生了折射进入另一个介质中继续传播，另一部分在交界面处发生了反射，仍旧在原先的介质中传播。这里 $n_{\text{high}} > n_{\text{low}}$，入射角 θ_1 小于折射角 θ_3。

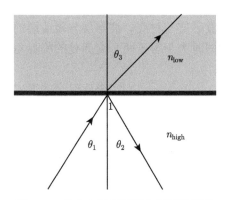

图 2.3 光在介质表面发生反射和折射

当增大入射角 θ_1 时，折射角 θ_3 会变大，当入射角增大到一定程度时，折射光会消失。入射光能一直在原来的介质中发生反射，没有折射损失的能量，这就是全反射。

在如图 2.4 所示的平面光波导中，光线在中间波导层里向右实现远距离传输就是利用全反射原理。如果中间在介质交界处发生了光的折射，光的能量会被衰减，发生多次折射后光线将无法继续传播。如果把入射角控制到一定的角度，让入射光一直在中间介质中发生反射，不存在光的折射，那么光线就可以实现传输了 [1]。

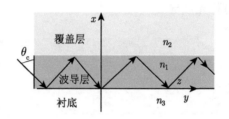

图 2.4　光线在平面光波导中的传输示意图

2.2.2　全反射的条件

光线的入射角、反射角，以及不同介质的折射率，可以通过斯涅耳定律公式 $n_{\text{high}} \sin\theta_1 = n_{\text{low}} \sin\theta_3$ 联系起来。

如果 $\theta_3 = 90°$，在图 2.3 所示的两个不同折射率介质的交界处会发生全反射，这里的入射角就是全反射发生时的临界角，记为 θ_c。这里临界角的计算公式是

$$\theta_c = \arcsin \frac{n_{\text{low}}}{n_{\text{high}}} \tag{2.1}$$

在平面光波导中，波导层与衬底、波导层与覆盖层的交界处各自有一个临界角。当光线入射的角度同时大于等于两个交界处的临界角时，光线可以一直在波导层里不停地传播。

如图 2.4 中假设 $n_1 > n_2 > n_3$，则在全反射状态下，有如下不等式：

$$n_2 < n_1 \sin\theta_1 < n_1 \tag{2.2}$$

当每一项都乘以 k_0(光在真空中的传播常数) 时，可以得到

$$k_0 n_2 < k_0 n_1 \sin\theta_1 = k_z < k_0 n_1 \tag{2.3}$$

满足上述条件，光波就被固定在波导层中了。

2.3 光波导电磁理论

波动光学理论以电磁场的基本方程作为基础,通过一系列的理论推导,得到了光在光波导中传播的波动方程。

2.3.1 平面光波导的波动方程

$$\nabla \times E = -\frac{\partial B}{\partial t} \tag{2.4}$$

$$\nabla \times H = J + \frac{\partial D}{\partial t} \tag{2.5}$$

$$\nabla \cdot B = 0 \tag{2.6}$$

$$\nabla \cdot D = \rho \tag{2.7}$$

由于介质材料中没有电荷与电流的存在,且是线性以及各向同性,故这里 $J = 0, \rho = 0$,同时还有以下的物质方程成立:

$$D = \varepsilon E \tag{2.8}$$

$$B = \mu H \tag{2.9}$$

式中,D、E、B、H 分别表示电位移矢量、电场强度、磁感应强度和磁场强度;ρ 为闭合曲面积分区域内包含的电荷密度;J 为闭合环路包围的传导电流密度;∇ 为哈密顿算符,这是一个矢量,$\nabla = (\partial/\partial x)x_0 + (\partial/\partial y)y_0 + (\partial/\partial z)z_0$;$\varepsilon$、$\mu$ 分别为电介质的介电常量和磁介质的磁导率。

在式 (2.4) 两边取旋度,可以知道

$$\nabla \times (\nabla \times E) = -\nabla \times \left(\frac{\partial B}{\partial t}\right)$$

等号左边根据拉普拉斯运算 $\nabla^2 E = \nabla(\nabla \cdot E) - \nabla \times (\nabla \times E)$ 逆推,右边根据式 (2.5)~ 式 (2.7) 展开得到

$$-\nabla \times \frac{\partial B}{\partial t} = -\frac{\partial(\nabla \times B)}{\partial t} = -\mu\frac{\partial(\nabla \times H)}{\partial t} = -\mu\varepsilon\frac{\partial^2 E}{\partial t^2} \tag{2.10}$$

从而得到式子

$$\nabla(\nabla \cdot E) - \nabla^2 E = -\mu\varepsilon\frac{\partial^2 E}{\partial t^2} \tag{2.11}$$

根据式 (2.8) 和式 (2.9) 可得到

$$\nabla \cdot E = -\frac{\nabla \varepsilon}{\varepsilon} \cdot E \tag{2.12}$$

于是把式 (2.12) 代入式 (2.11)，得到

$$\nabla^2 E + \nabla \left(\frac{\nabla \varepsilon}{\varepsilon} \cdot E \right) = \mu \varepsilon \frac{\partial^2 E}{\partial t^2} \tag{2.13}$$

对于均匀光波导，$\nabla \varepsilon = 0$ 可以把式 (2.13) 化为

$$\nabla^2 E - \mu \varepsilon \frac{\partial^2 E}{\partial t^2} = 0 \tag{2.14}$$

同理，可以得到

$$\nabla^2 H - \mu \varepsilon \frac{\partial^2 H}{\partial t^2} = 0 \tag{2.15}$$

对于非磁性介质，则

$$\varepsilon = \varepsilon_0 n^2 \tag{2.16}$$

以及

$$\mu = \mu_0 \tag{2.17}$$

μ_0 是真空磁导率，由于光栅并不属于磁性物质，因此这里式 (2.17) 成立。把式 (2.16) 及式 (2.17) 代入式 (2.15) 中得到

$$\nabla^2 E - \mu_0 \varepsilon_0 n^2 \frac{\partial^2 E}{\partial t^2} = 0 \tag{2.18}$$

由于 $c^2 = \dfrac{1}{\varepsilon_0 \mu_0}$，并且在不同的介质中，光的传播速度会因为介质的折射率的不同发生变化，公式是

$$v = \frac{c}{n} \tag{2.19}$$

式中，v 是光在介质中的传播速度；n 是介质的折射率；c 是光在真空中的传播速度。代入式 (2.18) 中，得到

$$\nabla^2 E - \frac{1}{v^2} \frac{\partial^2 E}{\partial t^2} = 0 \tag{2.20}$$

同理得到

$$\nabla^2 H - \frac{1}{v^2}\frac{\partial^2 H}{\partial t^2} = 0 \qquad (2.21)$$

式 (2.20) 与式 (2.21) 即为电磁场的波动方程,反映了电磁场随空间以及时间的变化规律[2]。

2.3.2 平面光波导的传输模式

1. 边界条件

物质的结构方程加上麦克斯韦方程还不能得到具体电磁场的解,还需要给出一定的边界条件。边界条件就是不同的介质交界面两侧的矢量必须满足的关系,也就是电磁场在交界面上应该遵循的规律。把积分形式的麦克斯韦方程应用到不同介质的交界面,就可以得到边界条件,即

$$n \times (E_1 - E_2) = 0 \qquad (2.22)$$

$$n \cdot (D_1 - D_2) = \sigma \qquad (2.23)$$

$$n \times (H_1 - H_2) = J_s \qquad (2.24)$$

$$n \cdot (B_1 - B_2) = 0 \qquad (2.25)$$

式中,σ 表示电荷密度;J_s 表示电流的面密度。本书介绍的光栅属于非导电的光学介质,电荷密度以及电流的面密度为零。则 $E_{1t} = E_{2t}$,$H_{1t} = H_{2t}$,表示矢量 E、H 在分界面上的切向分量是连续的;$D_{1n} = D_{2n}$,$B_{1n} = B_{2n}$,说明矢量 D、B 在分界面上的法向分量是连续的[3]。

2. 亥姆霍兹方程

如果电磁场随着时间做正弦周期的变化,角频率是 ω,则相关的矢量是

$$E(r,t) = E(r)\exp(-\mathrm{i}\omega t) \qquad (2.26)$$

$$H(r,t) = H(r)\exp(-\mathrm{i}\omega t) \qquad (2.27)$$

把这两个式子代入各自相关的波动方程中,根据公式 $\dfrac{\omega^2}{v^2} = n^2\dfrac{\omega^2}{c^2} = n^2 k_0^2$,可以得到

$$\nabla^2 E(r) + k_0^2 n^2 E(r) = 0 \qquad (2.28)$$

$$\nabla^2 H(r) + k_0^2 n^2 H(r) = 0 \qquad (2.29)$$

式 (2.28) 以及式 (2.29) 称为电磁场的亥姆霍兹方程,这些方程可以反映电磁场在空间变化的规律。

3. 亥姆霍兹方程在光波导中的应用

平面光波导的形状以及坐标轴取向如图 2.5 所示，图中光波导的折射率沿着 x 轴方向变化，也就是，在两个波导层之间的折射率为 n_1，覆盖层的折射率为 n_2，衬底的折射率是 n_3。电磁波沿着 z 方向传播，在 y 方向的波导的几何形状不变，也就是 $\frac{\partial}{\partial y} = 0$。

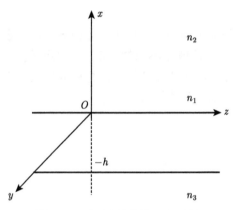

图 2.5　平面光波导的几何形状

对于前面所示的麦克斯韦方程，在无源状态下，可以得到方程

$$\nabla \times E(r,t) = -\frac{\partial B(r,t)}{\partial t} \tag{2.30}$$

$$\nabla \times H(r,t) = \frac{\partial D(r,t)}{\partial t} \tag{2.31}$$

把物质方程与式 (2.30) 和式 (2.31) 联立，得到

$$\nabla \times E = \mathrm{i}\omega\mu H \tag{2.32}$$

$$\nabla \times H = -\mathrm{i}\omega\varepsilon E \tag{2.33}$$

把式 (2.32) 和式 (2.33) 左边的旋度写开，是一个斯托克斯公式，得到如下的结果 $\left(\text{前提有：} \dfrac{\partial}{\partial y} = 0, \dfrac{\partial}{\partial z} = \mathrm{i}k_z, \mu = \mu_0, \varepsilon = \varepsilon_0, \ k_z \text{ 是电磁场沿着 } z \text{ 方向的传播常数}\right)$：

$$\nabla \times E = \mathrm{i}\omega\mu_0 \left(H_x x_0 + H_y y_0 + H_z z_0\right)$$

$$= \left(\frac{\partial E_z}{\partial y} - \frac{\partial E_y}{\partial z}\right) x_0 + \left(\frac{\partial E_x}{\partial z} - \frac{\partial E_z}{\partial x}\right) y_0 + \left(\frac{\partial E_y}{\partial x} - \frac{\partial E_x}{\partial y}\right) z_0$$

$$= -\mathrm{i}k_z E_y x_0 + \left(\mathrm{i}k_z E_x - \frac{\partial E_z}{\partial x}\right) y_0 + \frac{\partial E_y}{\partial x} z_0 \tag{2.34}$$

$$\nabla \times H = -\mathrm{i}\omega\varepsilon_0 n^2 \left(E_x x_0 + E_y y_0 + E_z z_0\right)$$

$$= \left(\frac{\partial H_z}{\partial y} - \frac{\partial H_y}{\partial z}\right) x_0 + \left(\frac{\partial H_x}{\partial z} - \frac{\partial H_z}{\partial x}\right) y_0 + \left(\frac{\partial H_y}{\partial x} - \frac{\partial H_x}{\partial y}\right) z_0$$

$$= -\mathrm{i}k_z H_y x_0 + \left(\mathrm{i}k_z H_x - \frac{\partial H_z}{\partial x}\right) y_0 + \frac{\partial H_y}{\partial x} z_0 \tag{2.35}$$

把式 (2.34) 和式 (2.35) 联立，解等式可以求出两组独立的方程。

$$k_z E_y = -\omega\mu_0 H_x \tag{2.36}$$

$$\frac{\partial E_y}{\partial x} = \mathrm{i}\omega\mu_0 H_z \tag{2.37}$$

$$\mathrm{i}k_z H_x - \frac{\partial H_z}{\partial x} = -\mathrm{i}\omega\varepsilon_0 n^2 E_y \tag{2.38}$$

在以上所示的三个方程式中包含了 E_y、H_x、H_z，是 TE 波，称为横电波，它的电场垂直于波传播方向。

$$k_z H_y = \omega\varepsilon_0 n^2 E_x \tag{2.39}$$

$$\frac{\partial H_y}{\partial x} = -\mathrm{i}\omega\varepsilon_0 n^2 E_z \tag{2.40}$$

$$\mathrm{i}k_z E_x - \frac{\partial E_z}{\partial x} = \mathrm{i}\omega\mu_0 H_y \tag{2.41}$$

在以上所示的三个方程式中包含了 H_y、E_x、E_z，是 TM 波，称为横磁波，这种波的磁场垂直于光波的传播方向。

从 TE 波的三个方程中可以得到由 E_y 表示的 H_x 以及 H_z：

$$H_x = -\frac{k_z E_y}{\omega\mu_0} \tag{2.42}$$

$$H_z = \frac{\partial E_y}{\partial x}\frac{1}{\mathrm{i}\omega\mu_0} \tag{2.43}$$

把式 (2.42) 以及式 (2.43) 代入式 (2.38) 中，可以得到

$$\mathrm{i}k_z \frac{k_z E_y}{\omega\mu_0} + \frac{\partial^2 E_y}{\partial x^2}\frac{1}{\mathrm{i}\omega\mu_0} = \mathrm{i}\omega\varepsilon_0 n^2 E_y \tag{2.44}$$

把式子两边同时乘以 $\mathrm{i}\omega\mu_0$，得到

$$\frac{\partial^2 E_y}{\partial x^2} + \left(\omega^2 \mu_0 \varepsilon_0 n^2 - k_z^2\right) E_y = 0 \tag{2.45}$$

已经知道光在真空中的传播常数是 $k_0 = \dfrac{\omega}{c} = \omega\sqrt{\mu_0 \varepsilon_0}$，从式 (2.45) 得到

$$\frac{\partial^2 E_y}{\partial x^2} + \left(k_0^2 n^2 - k_z^2\right) E_y = 0 \tag{2.46}$$

由此得到了光波导各层 TE 波的标量亥姆霍兹方程为

$$\frac{\partial^2 E_y}{\partial x^2} + \left(k_0^2 n_j^2 - k_z^2\right) E_y = 0 \tag{2.47}$$

同理可以得到光波导每层 TM 波的标量亥姆霍兹方程是

$$\frac{\partial^2 H_y}{\partial x^2} + \left(k_0^2 n_j^2 - k_z^2\right) H_y = 0 \tag{2.48}$$

式 (2.47) 和式 (2.48) 中，$j =1,2,3$。

4. 光波导中模式的讨论

这里先讨论 TE 波的情况，从式 (2.47) 可以看出，这个方程是一个二阶常系数线性齐次微分方程，从而得到了它的特征方程是

$$x^2 + \left(k_0^2 n_j^2 - k_z^2\right) = 0 \tag{2.49}$$

当 $k_z^2 - k_0^2 n_j^2 > 0$ 时，特征方程有两个不相等的实数根

$$x_1 = \sqrt{k_z^2 - k_0^2 n_j^2} \tag{2.50}$$

$$x_2 = -\sqrt{k_z^2 - k_0^2 n_j^2} \tag{2.51}$$

通解可以取成指数形式，可以得到

$$E_y(x) = C_1 \exp\left(\sqrt{k_z^2 - k_0^2 n_j^2}x\right) + C_2 \exp\left(-\sqrt{k_z^2 - k_0^2 n_j^2}x\right) \tag{2.52}$$

当 $k_z^2 - k_0^2 n_j^2 > 0$ 时，特征方程有复数根

$$x_1 = \mathrm{i}\sqrt{k_0^2 n_j^2 - k_z^2} \tag{2.53}$$

$$x_2 = -\mathrm{i}\sqrt{k_0^2 n_j^2 - k_z^2} \qquad (2.54)$$

那么微分方程的解呈简谐形式:

$$E_y\left(x\right) = C_1 \cos\left(\sqrt{k_0^2 n_j^2 - k_z^2}x\right) + C_2 \sin\left(\sqrt{k_0^2 n_j^2 - k_z^2}x\right) \qquad (2.55)$$

在 2.2 节中, 关于波导中的传播常数的范围应该满足

$$k_0 n_2 < k_0 n_1 \sin\theta_1 = k_z < k_0 n_1$$

把这个关系联立到平面光波导的亥姆霍兹方程中可以得到

$$E_y = A\exp(-qx), \quad 0 \leqslant x < \infty \qquad (2.56)$$

$$E_y\left(x\right) = B\cos(k_x x) + C\sin(k_x x), \quad -hx \leqslant 0 \qquad (2.57)$$

$$E_y = D\exp\left[p\left(x+h\right)\right], \quad -\infty < x \leqslant -h \qquad (2.58)$$

这里, $q = (k_z^2 - k_0^2 n_3^2)^{1/2}$, $p = (k_z^2 - k_0^2 n_2^2)^{1/2}$, $k_x^2 = (k_0^2 n_1^2 - k_z^2)^{1/2}$。

在 x 轴上, x 的范围为 $0 \leqslant x < \infty$ 以及 $-\infty < x \leqslant -h$ 的介质区域内, 满足亥姆霍兹方程的通解, 是一个指数的形式, 并且 E_y 的值随着 x 趋向无穷大向两边呈指数衰减。在光波导层中, E_y 的解类似于式 (2.55) 的简谐形式。此时这些模式所携带的能量被限制在了光波导层中。

2.4 阶跃折射率光波导

2.4.1 TE 模式中的场分布

根据式 (2.56)~ 式 (2.58), 即

$$E_y = A\exp(-qx), \quad 0 \leqslant x < \infty \qquad (2.59)$$

$$E_y\left(x\right) = B\cos\left(k_x x\right) + C\sin(k_x x), \quad -h \leqslant x \leqslant 0 \qquad (2.60)$$

$$E_y = D\exp\left[p\left(x+h\right)\right], \quad -\infty < x \leqslant -h \qquad (2.61)$$

利用 E_y 在波导层–衬底层和薄膜–覆盖层的边界连续条件可以得到: 在 $x = 0$ 时, 由 $E_{y_1}\left(0\right) = E_{y_3}\left(0\right)$, 可以得到

$$A = B \qquad (2.62)$$

在 $x = -h$ 时, 由 $E_{y_1}\left(-h\right) = E_{y_2}\left(-h\right)$, 可以得到

$$B\cos(k_x h) - C\sin(k_x h) = D \qquad (2.63)$$

在薄膜以及覆盖层的交界处，导函数也是连续的，可以在 $x = 0$ 的时候得到

$$\frac{\partial E_{y3}}{\partial x} = \frac{\partial E_{y1}}{\partial x} \tag{2.64}$$

解这个等式得到

$$-qA = k_x C \tag{2.65}$$

这样 B、C、D 都可以通过 A 表示。把式 (2.59)~ 式 (2.61) 改写成如下的式子：

$$E_y = A \exp(-qx), \quad 0 \leqslant x < \infty \tag{2.66}$$

$$E_y(x) = A \left[\cos(k_x x) + \frac{q}{k_x} \sin(k_x x) \right], \quad -h \leqslant x \leqslant 0 \tag{2.67}$$

$$E_y = A \left[\cos(k_x h) + \frac{q}{k_x} \sin(k_x h) \right] \exp\left[p(x + h) \right], \quad -\infty < x \leqslant -h \tag{2.68}$$

各层相关的磁场分量 H_x、H_y 可以分别表示出来，即

$$H_x = -\frac{k_z E_y}{\omega \mu_0} \tag{2.69}$$

$$H_y = \frac{\partial E_y}{\partial x} \frac{1}{\mathrm{i} \omega \mu_0} \tag{2.70}$$

上述就是阶跃折射率光波导的基本解 [4]。

2.4.2 模式本征方程求解

利用波导层和衬底交界面 $x = -h$ 处连续的导函数，可以得到

$$\frac{\partial E_{y1}}{\partial x} = \frac{\partial E_{y2}}{\partial x} \tag{2.71}$$

代入相关的值可以得到

$$k_x \sin(k_x h) - q \cos(k_x h) = p \left[\cos(k_x h) + \frac{q}{k_x} \sin(k_x h) \right] \tag{2.72}$$

让等号两边同时除以 $\cos(k_x h)$，整理得到

$$\tan(k_x h) = \frac{p + q}{k_x \left(1 - \frac{qp}{k_x^2} \right)} \tag{2.73}$$

这就是 TE 模的模式本征方程。

2.5 条形光波导

平面光波导仅在一个方向 (如 2.4 节的 x 方向) 受到限制, 但是在另外的方向 (如 y 方向) 不会受到限制, 因此光在传播的过程中, 在 y 方向上光的能量会有一定的发散。虽然可以通过透镜薄膜使发散光束会聚, 但是会受到衍射极限的限制, 不容易构成好的光路系统。所以在实际的应用中, 更多的是应用在两个方向上都可以限制光波的条形光波导。

2.5.1 马卡梯里近似

条形光波导的处理方式是马卡梯里在 1969 年提出的, 且被沿用至今。

如图 2.6 所示, 被 $x = \pm\dfrac{t}{2}$ 以及 $y = \pm\dfrac{\omega}{2}$ 包围的中间空白区域的折射率是 n_1, 图中 4 个阴影区的折射率分别是 n_2、n_3、n_4、n_5, 其中 n_1 的值最大。每个区域的传播常数用 k_j 表示, 可以得到下式:

$$k_{jx}^2 + k_{jy}^2 + k_{jz}^2 = k_j^2, \quad j = 1, 2, 3, 4, 5 \tag{2.74}$$

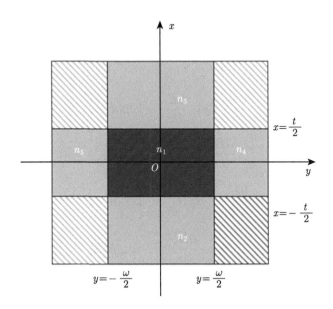

图 2.6 条形光波导结构

根据 2.4 节, 每个区域的场分布可以通过函数表示出来。折射率为 n_2 和 n_3 的区域, 沿 x 轴的分布属于简谐方程, 沿 y 轴方向的分布属于指数衰减型。折射

率为 n_4 和 n_5 的区域，沿 y 轴的分布属于简谐方程，沿 x 轴方向的分布属于指数衰减型。根据这些分析，可以得到

$$k_{1x} = k_{2x} = k_{3x} = k_x \tag{2.75}$$

$$k_{1y} = k_{2y} = k_{3y} = k_y \tag{2.76}$$

可以看出来，这种光波导中并不存在完全的 TE、TM 模式，但是有两种模式可以利用到波动方程中，分别称为 $E_{m,n}^x$ 模式以及 $E_{m,n}^y$ 模式。$E_{m,n}^x$ 的电磁场分量主要是 E_x 和 H_y，$E_{m,n}^y$ 的电磁场分量主要是 E_y 以及 H_x。下角标 m、n 分别表示沿 x 轴与 y 轴场强极大值的数目，上角标表示电场的主要偏振方向。

2.5.2　$E_{m,n}^x$ 模式

$E_{m,n}^x$ 的主要场分量为 E_x 和 H_y，这里 $H_x = 0$，根据麦克斯韦方程

$$\nabla \times E = i\omega\mu_0 H \tag{2.77}$$

$$\nabla \times H = -i\omega\varepsilon_0 n^2 E \tag{2.78}$$

把等号左边的旋度写开，并将等号右边的式子逐个向量展开，得到

$$\frac{\partial E_z}{\partial y} - ik_z E_y = i\omega\mu_0 H_x \tag{2.79}$$

$$ik_z E_x - \frac{\partial E_z}{\partial x} = i\omega\mu_0 H_y \tag{2.80}$$

$$\frac{\partial E_y}{\partial x} - \frac{\partial E_x}{\partial y} = i\omega\mu_0 H_z \tag{2.81}$$

$$\frac{\partial H_z}{\partial y} - ik_z H_y = -i\omega\varepsilon_0 n^2 E_x \tag{2.82}$$

$$ik_z H_x - \frac{\partial H_z}{\partial x} = -i\omega\varepsilon_0 n^2 E_y \tag{2.83}$$

$$\frac{\partial H_y}{\partial x} - \frac{\partial H_x}{\partial y} = -i\omega\varepsilon_0 n^2 E_z \tag{2.84}$$

根据 $\nabla \cdot H = 0$，把下面这个式子写开：

$$\frac{\partial H_y}{\partial y} + \frac{\partial H_z}{\partial z} = \frac{\partial H_y}{\partial y} + ik_z H_z = 0 \tag{2.85}$$

通过 H_y 表示场的各个分量，得到

$$H_x = 0 \tag{2.86}$$

$$E_x = \frac{\omega\mu_0}{k_z}H_y + \frac{1}{\omega\varepsilon_0 n^2 k_z}\frac{\partial^2 H_y}{\partial x^2} \tag{2.87}$$

$$E_y = \frac{1}{\omega\varepsilon_0 n^2 k_z}\frac{\partial^2 H_y}{\partial x\partial y} \tag{2.88}$$

$$E_z = \frac{\mathrm{i}}{\omega\varepsilon_0 n^2}\frac{\partial H_y}{\partial x} \tag{2.89}$$

$$H_z = \frac{\mathrm{i}}{k_z}\frac{\partial H_y}{\partial y} \tag{2.90}$$

把式 (2.87) 和式 (2.90) 代入式 (2.89) 中，得到 $E_{m,n}^x$ 模式关于 H_y 的波动方程：

$$\frac{\partial^2 H_y}{\partial x^2} + \frac{\partial^2 H_y}{\partial y^2} + \left(k_0^2 n^2 - k_z^2\right)H_y = 0 \tag{2.91}$$

根据近似分析可以得到五个区域的 H_y 的磁场函数为

$$H_{jy} = H_1\cos(k_x x + \zeta)\exp\left(k_y y + \eta\right),\quad \text{区域 } 1 \tag{2.92}$$

$$H_{jy} = H_2\cos(k_y y + \eta)\exp\left(k_{2x}' x\right),\quad \text{区域 } 2 \tag{2.93}$$

$$H_{jy} = H_3\cos(k_y y + \eta)\exp\left(-k_{3x}' x\right),\quad \text{区域 } 3 \tag{2.94}$$

$$H_{jy} = H_4\cos(k_x x + \zeta)\exp\left(-k_{4y}' y\right),\quad \text{区域 } 4 \tag{2.95}$$

$$H_{jy} = H_5\cos(k_x x + \zeta)\exp\left(k_{5y}' y\right),\quad \text{区域 } 5 \tag{2.96}$$

这里 H_1、H_2、H_3、H_4、H_5 都是常数振幅因子；ζ 与 η 是任意相位因子。把式 (2.93)~ 式 (2.96) 代入式 (2.91) 的波动方程中，可以得到

$$k_{2x}'^2 = -\left(k_0^2 n_2^2 - k_y^2 - k_z^2\right) = -k_{2x}^2 \tag{2.97}$$

$$k_{3x}'^2 = -\left(k_0^2 n_3^2 - k_y^2 - k_z^2\right) = -k_{3x}^2 \tag{2.98}$$

$$k_{4y}'^2 = -\left(k_0^2 n_4^2 - k_x^2 - k_z^2\right) = -k_{4y}^2 \tag{2.99}$$

$$k_{5y}'^2 = -\left(k_0^2 n_5^2 - k_x^2 - k_z^2\right) = -k_{5y}^2 \tag{2.100}$$

在 $x = \pm\dfrac{t}{2}$ 时，利用 H_y 与 E_x 的切向连续条件，可以得出

$$H_1 \cos\left(k_x \frac{t}{2} + \zeta\right) = H_3 \exp\left(-k'_{3x}\frac{t}{2}\right) \tag{2.101}$$

把两个边界上的 E_z 分别用 H_y 表示出来，然后两边取等号，经过化简得到

$$\frac{k_x H_1}{n_1^2} \sin\left(k_x \frac{t}{2} + \zeta\right) = \frac{k'_{3x} H_3}{n_3^2} \exp\left(-k'_{3x}\frac{t}{2}\right) \tag{2.102}$$

式 (2.102) 除以式 (2.101)，可以得到

$$\tan\left(\frac{k_x t}{2} + \zeta\right) = \frac{n_1^2}{n_3^2}\frac{k'^2_{3x}}{k_x} \tag{2.103}$$

同理，在 $x = -\dfrac{t}{2}$ 处，能够求得

$$\tan\left(\frac{k_x t}{2} - \zeta\right) = \frac{n_1^2}{n_2^2}\frac{k'^2_{2x}}{k_x} \tag{2.104}$$

联立式 (2.103) 与式 (2.104) 可以得到

$$k_x t = m'\pi + \arctan\left(\frac{n_1^2}{n_2^2}\frac{k_{2x}}{k_x}\right) + \arctan\left(\frac{n_1^2}{n_3^2}\frac{k_{3x}}{k_x}\right) \quad (m' = 0, 1, 2, \cdots) \tag{2.105}$$

这里，

$$k_z^2 = k_0^2 n_1^2 - \left(k_x^2 + k_y^2\right) \tag{2.106}$$

$$k'^2_{2x} = k_0^2 \left(n_1^2 - n_2^2\right) - k_x^2 \tag{2.107}$$

$$k'^2_{3x} = k_0^2 \left(n_1^2 - n_3^2\right) - k_x^2 \tag{2.108}$$

同理，在 $y = \pm\dfrac{\omega}{2}$，有

$$k_y \omega = n\pi - \arctan\left(\frac{k_y}{k'_{4y}}\right) - \arctan\left(\frac{k_y}{k'_{5y}}\right) \quad (n = 1, 2, \cdots) \tag{2.109}$$

式中，

$$k'^2_{4y} = k_0^2 \left(n_1^2 - n_4^2\right) - k_y^2 \tag{2.110}$$

$$k'^2_{5y} = k_0^2 \left(n_1^2 - n_5^2\right) - k_y^2 \tag{2.111}$$

由式 (2.105) 以及式 (2.109) 得到的方程称为条形光波导 $E^x_{m,n}$ 模的本征方程 [5]。

2.5.3 $E_{m,n}^y$ 模式

E_y 以及 H_x 是 $E_{m,n}^y$ 模的主要横向场分量，根据 2.4 节或 2.5.2 节类似的推理思路，可以推出其他的五个场分量

$$H_y = 0 \tag{2.112}$$

$$E_x = -\frac{1}{\omega\varepsilon_0 n_j^2 k_z}\frac{\partial^2 H_y}{\partial x \partial y} \tag{2.113}$$

$$E_y = \frac{k_0^2 n_j^2 - k_y^2}{\omega\varepsilon_0 n_j^2 k_z}H_x \tag{2.114}$$

$$E_z = -\frac{\mathrm{i}}{\omega\varepsilon_0 n_j^2}\frac{\partial H_x}{\partial y} \tag{2.115}$$

$$H_z = \frac{\mathrm{i}}{k_z}\frac{\partial H_x}{\partial x} \tag{2.116}$$

根据近似条件可以得到

$$H_{jx} = H_1 \cos(k_x x + \zeta)\exp(k_y y + \eta), \quad \text{区域 1} \tag{2.117}$$

$$H_{jx} = H_2 \cos(k_x x + \eta)\exp(k_{2y}' x), \quad \text{区域 2} \tag{2.118}$$

$$H_{jx} = H_3 \cos(k_x x + \zeta)\exp(-k_{3y}' y), \quad \text{区域 3} \tag{2.119}$$

$$H_{jx} = H_4 \cos(k_y y + \eta)\exp(-k_{4x}' x), \quad \text{区域 4} \tag{2.120}$$

$$H_{jx} = H_5 \cos(k_y y + \eta)\exp(k_{5x}' x), \quad \text{区域 5} \tag{2.121}$$

同 2.4 节或 2.5.2 节，利用 $x = \pm\dfrac{t}{2}$ 及 $y = \pm\dfrac{\omega}{2}$ 在 H_x 以及 E_y 的切向连续，可以推出 $E_{m,n}^y$ 模式的本征方程，即

$$k_x t = m\pi - \arctan\left(\frac{k_x}{k_{4x}'}\right) - \arctan\left(\frac{k_x}{k_{5x}'}\right) \quad (m = 1, 2, 3, \cdots) \tag{2.122}$$

$$k_y \omega = n\pi - \arctan\left(\frac{n_3^2}{n_1^2}\frac{k_y}{k_{3y}'}\right) - \arctan\left(\frac{n_2^2}{n_1^2}\frac{k_y}{k_{2y}'}\right) \quad (n = 1, 2, 3, \cdots) \tag{2.123}$$

2.6　衍射光栅

衍射光栅可以被认为是仅沿着 z 方向的周期性条形光波导阵列。在平面波入射时，根据波长和光栅尺寸，会激发一些波导阵列模式 [6-10]。根据周期性的空间分布，光栅可以是一维、二维或三维结构。由于材料结构的特性，入射光束的相位和幅度会受到光栅的调制，穿过光栅的光成为衍射光。结构的周期和折射率差决定了衍射波的特性，可以通过改变光栅参数来调整某些波长下的反射率。一个一维光栅的例子如图 2.7 所示，该结构在 x 轴方向上具有周期性，光栅周期为 Λ，假设平面波以相对于光栅平面法线方向角度为 θ_i 入射到光栅上，根据惠更斯-菲涅耳原理，从每个光栅槽反射的光将成为反射波前的源。由于光程的不同，这些源点具有不同的相位，因此，在散射光中可以看到干涉图样，干涉的类型取决于源点之间的相位差，为产生相长干涉，相同波阵面之间的光程差必须是光波长 λ 的整数倍，此条件表示为

$$\sin\theta_{d,m} = \sin\theta_i + m\frac{\lambda}{\Lambda} \quad (m = 0, \pm1, \pm2, \cdots) \tag{2.124}$$

其中，$\theta_{d,m}$ 是第 m 阶衍射模式方向与法线方向 n 之间的夹角；θ_i 是入射角，如图 2.7 所示。对于透射光也获得类似的结果，通过引入波数 $k = 2\pi/\lambda$，并定义光栅波数 $K = 2\pi/\lambda$，可以获得更一般的表达式：

$$k_{x,m} = k_{x,i} + mK \quad (m = 0, \pm1, \pm2, \cdots) \tag{2.125}$$

其中，下标 x 是波矢量的 x 分量，$k_x = k\sin\theta_{d,m}$，由式 (2.124) 可知，假设法向入射，可以得到存在衍射模式的充分必要条件

$$|\sin\theta_{d,m}| < 1 \Leftrightarrow \left|m\frac{\lambda}{\Lambda}\right| = \left|m\frac{K}{k}\right| < 1 \tag{2.126}$$

式 (2.126) 确定散射光的最大衍射阶模。特别地，这取决于波长与光栅周期的比值。光子器件中常用且广泛使用的光栅是布拉格光栅。在图 2.8(a) 中展示出了一维布拉格光栅。其特征在于两层不同电介质周期性交替排布。该光栅的光谱特性由布拉格定律描述，该定律遵循推导方程 (2.124) 的基本原理：

$$m\frac{\lambda_B}{n} = 2\Lambda\sin\theta_i \tag{2.127}$$

其中，m 是整数；λ_B 是布拉格波长。$\bar{n}$ 是一个光栅周期 Λ 内的平均折射率：

$$\bar{n} = \frac{n_1 L_1 + n_2 L_2}{\Lambda} \tag{2.128}$$

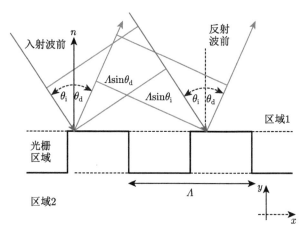

图 2.7　一维光栅的示例

在光栅区域中，折射率是周期性的，其周期 Λ 是 x 轴坐标的函数，并且在 n_1 到 n_2 之间变化；在反射波前，
光程差决定了干涉类型

这里，n_1, n_2 和 L_1, L_2 分别是光栅的两种电介质的折射率和长度。

图 2.8(b) 展示了不同布拉格反射器的光谱。可以看出，在高反射率带宽的中心有一个波长的反射始终是最大的。该波长是布拉格波长 λ_B。一个重要的发现是频谱与光栅周期数和折射率差 Δn 的关系。对于固定的折射率差 Δn，光栅的高反射率带宽以及在波长 λ_B 处的反射率会随着周期数的增加而增加。这种情况出现的原因是，随着周期数的增加，光栅内的部分内部反射会形成越来越多的干涉，进而形成衍射光束。另外，如果周期数恒定但 Δn 增加，则通过比较图 2.8(b) 的红色和绿色光谱可以看出，高反射率带宽变宽。对于这些现象，衍射效率定义为给定衍射级的衍射光强度与入射光强度之比。例如，如果 Δn 小，则内部界面给出的反射率将很小，因此衍射光束的强度将比 Δn 大的情况低。因此，对于一定的周期数，光栅的衍射效率随着折射率差 Δn 的增加而增加。这意味着，为了获得一定的反射带宽，少的光栅周期数是必须的，从而结构会更小。因此，对于光子器件的应用，布拉格光栅的局限性有两个方面。一方面，由于晶格匹配的限制，光栅的两种材料之间的折射率差不能太大，如果晶格失配较大，分子结构变形并出现缺陷点，从而影响器件的功能。另一方面，低的折射率差会减少衍射效率，并且需要更多的周期数达到高反射率带宽。例如，在 VCSEL 结构中使用的布拉格反射器通常由 40~50 个周期制成，导致总厚度为 5~6 μm。这增加了外延生长的复杂性，并使器件的热弛豫性能恶化。

另外，在第 3 章中讨论的称为高折射率差光栅的新型衍射光栅与布拉格反射器相比具有许多优势。在这些新颖的结构中，以非常小的尺寸 (如 0.5 ~ 1 μm) 实

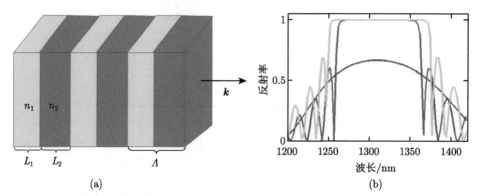

图 2.8　(a) 一维布拉格光栅，在光栅区域，折射率在 n_1 和 n_2 之间周期性地变化，周期 Λ 为 x 轴坐标的函数；在 (b) 中，给出了 $\lambda_B = 1310$ nm 的不同布拉格光栅的反射率谱，蓝色和红色曲线分别代表 $\Delta n = 0.363$ 和 $\Delta n = 0.45$ 的两个光栅，周期均为 50 个

现了高折射率差 Δn，其质量约为布拉格反射器的千分之一。结构内的这种大的折射率变化赋予高折射率差光栅许多物理性质，这些物理性质对光子学中的各种应用是有益的，例如，宽的高反射率带宽、偏振选择性或单横向模式操作。

参 考 文 献

[1]　顾畹仪. 光纤通信系统 [M]. 3 版. 北京: 北京邮电大学出版社, 2013.

[2]　宋贵才, 全薇. 光波导原理与器件 [M]. 2 版. 北京: 清华大学出版社, 2012.

[3]　谢处方, 饶克谨. 电磁场与电磁波 [M]. 4 版. 北京: 高等教育出版社, 2006.

[4]　杨笛, 任国斌, 王义全. 导波光学基础 [M]. 北京: 中央民族大学出版社, 2012.

[5]　曹庄琪. 导波光学 [M]. 北京: 科学出版社, 2007.

[6]　Schnabel B, Kley E B. Fabrication and application of subwavelength gratings[J]. Proc. SPIE, 1997, 237(6144): 707.

[7]　Mateus C F R, Huang M C Y, Deng Y, et al. Ultrabroadband mirror using low-index cladded subwavelength grating[J]. IEEE Photonics Technology Letters, 2004, 16(2): 518-520.

[8]　Karagodsky V, Sedgwick F G, Chang-Hasnain C J. Theoretical analysis of subwavelength high contrast grating reflectors[J]. Optics Express, 2010, 18(16): 16973-16988.

[9]　Magnusson, R. Wideband reflectors with zero-contrast gratings[J]. Optics Letters, 2014, 39(15): 4337.

[10]　Zhang J L, Shi S K, Jiao H F, et al. Ultra-broadband reflector using double-layer subwavelength gratings[J]. Photonics Research, 2020, 8(3): 426-429.

第 3 章　高折射率差光栅理论方法与制备工艺

光栅周期小于入射波长的光栅称为亚波长光栅，其中除了零阶模式之外，所有高阶衍射模均以倏逝波的形式传播，可以忽略不计。亚波长光栅因其这一独特的光学特性而备受关注。2004 年，美国加州大学伯克利分校 Chang-Hasnain 教授课题组提出了一种新颖的亚波长光栅作为宽带反射镜 [1]，主要特点是：其光栅条由被低折射率介质 (如空气或 SiO₂) 完全包围的高折射率材料 (如 AlGaAs、Si 等) 构成，因此也被称为亚波长高折射率差光栅。由于高折射率差光栅采用亚波长尺寸和较大的折射率差，不但可以实现宽带高反射 [2]、高透射特性，还可以实现偏振选择 [3,4]、功分 [5]、高 Q 谐振 [6]、耦合 [7] 等光学特性。这些特性在激光器、光探测器等光电器件中都有很好的应用。

此外，高折射率差光栅还有一个重要的特性是波前相位控制，通过改变光栅的周期、宽度等参数调制反射波或透射波的相位，从而控制光束的传播方向，实现光束会聚 [8-10] 和光束偏转 [11]。基于这一特性，高折射率差光栅可以设计成光束偏转反射镜、光束会聚反射镜、透镜等。由于高折射率差光栅这些理想的光学特性，不但容易与 VCSEL[12]、光探测器 [13]、电荷耦合器件 (CCD) 和太阳能电池等光电子器件集成，而且还能为其提供新的光学性能。

本章主要研究高折射率差光栅超结构。首先介绍研究高折射率差光栅超结构的理论，而后对其带宽高反高透原理进行分析；并且研究一维和二维高折射率差光栅超结构的波前相位控制原理；最后对光栅超结构进行工艺制备。

3.1　高折射率差光栅理论

3.1.1　严格耦合波分析法

1981 年，Moharam 和 Gaylord 提出了严格耦合波分析 (rigorous coupled wave analysis, RCWA) 法 [14]，这种方法的关键在于用傅里叶 (Fourier) 级数展开光栅区域的介电常量，允许采用同一种方法处理平面结构或表面浮雕结构、有损耗或无损耗、单个沟槽或多沟槽等各种不同光栅。求解过程总体上可以分为三步：①利用麦克斯韦方程组，推导出光波在入射介质层和透射介质层的电磁场表达式；②将光栅层介电常量展开成傅里叶级数形式，推导出耦合波微分方程组；③在光栅层与上下介质层界面上运用电磁场边界条件，求解各个衍射级次的振幅和传播常数。现在以一维条形周期高折射率差光栅为例，介绍严格耦合波分析法求解光栅的过程。

图 3.1 是一维条形周期高折射率差光栅的结构示意图，光栅在平面空间中沿
z 方向分成三个区域，区域 I: 入射与反射区 (折射率 n_1)，区域 II: 光栅区 (折射
率 n_r) 和区域 III: 透射区 (折射率 n_3)。光栅层的厚度为 t_g，光栅条宽度为 s，光
栅周期为 Λ。折射率在 n_1 和 n_3 之间周期交替变化。这里详细介绍 TM 偏振波
(电场方向垂直于 y 轴) 以 θ 角入射光栅表面的情况。

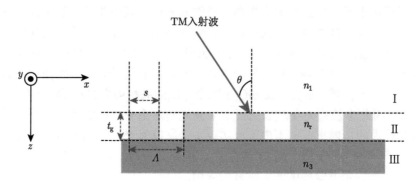

图 3.1   一维条形周期高折射率差光栅的结构示意图

TM 入射电场归一化磁场可写为

$$H_{inc,y} = \exp\left[-jk_0 n_1 \left(\sin\theta \cdot x + \cos\theta \cdot z\right)\right] \tag{3.1}$$

其中，$k_0 = 2\pi/\lambda_0$，这里 λ_0 是真空中的波长。

当光波入射到光栅层后，入射区 I 和透射区域 III 中的归一化磁场可以分别
表示为

$$H_{I,y} = H_{inc,y} + \sum_i R_i \exp\left[-j\left(k_{xi} x - k_{I,zi}\right)\right] \tag{3.2}$$

$$H_{III,y} = \sum_i T_i \exp\left\{-j\left[\left(k_{xi} x - k_{III,zi}\left(z - t_g\right)\right)\right]\right\} \tag{3.3}$$

其中，

$$k_{xi} = k_0 \left[n_1 \sin\theta - i(\lambda_0/\Lambda)\right] \tag{3.4}$$

$$k_{l,zi} = \begin{cases} \sqrt{k_0^2 n_l^2 - k_{xi}^2}, & k_{xi} < k_0 n_l, \\ -j\sqrt{k_{xi}^2 - k_0^2 n_l^2}, & k_{xi} > k_0 n_l, \end{cases} \quad l = I, III \tag{3.5}$$

这里，R_i 是区域 I 中光栅的第 i 级的衍射反射波的归一化磁场强度；T_i 是区
域 III 中光栅的第 i 级衍射透射波的归一化磁场强度；k_{Izi} 和 k_{IIIzi} 分别表示区域 I
和区域 III 第 i 级衍射波波矢沿 z 方向的分量。

根据麦克斯韦方程组，区域 I 和区域 III 中光波的电场表达式为

$$E = \left(\frac{-\mathrm{j}}{\omega\varepsilon_0 n^2}\right)\nabla \times H \tag{3.6}$$

其中，ε_0 是真空介电常量；ω 是入射光角频率。

区域 II(光栅层) 中，切向磁场 (y 分量) 和电场 (x 分量) 以傅里叶形式展开，分别表示为

$$H_{\mathrm{II}y} = \sum_i U_{yi}(z)\exp\left(-\mathrm{j}k_{xi}x\right) \tag{3.7}$$

$$E_{\mathrm{II}x} = \mathrm{j}\sqrt{\mu_0/\varepsilon_0}\sum_i S_{xi}(z)\exp\left(-\mathrm{j}k_{xi}x\right) \tag{3.8}$$

其中，$U_{yi}(z)$ 和 $S_{xi}(z)$ 分别表示光栅层中光波的第 i 级磁场和电场的谐波幅度，将式 (3.7) 和式 (3.8) 代入麦克斯韦方程得到以下表达式：

$$\frac{\partial H_{\mathrm{II}y}}{\partial z} = -\mathrm{j}\omega\varepsilon_0\left(x\right)E_{\mathrm{II}x} \tag{3.9}$$

$$\frac{\partial E_{\mathrm{II}x}}{\partial z} = -\mathrm{j}\omega\varepsilon\mu_0\left(x\right)H_{\mathrm{II}y} + \frac{\partial E_{\mathrm{II}x}}{\partial x} \tag{3.10}$$

把式 (3.7) 和式 (3.8) 代入式 (3.9) 和式 (3.10)，简化后得到

$$\left[\frac{\partial^2 U_y}{\partial\left(k_0 z\right)^2} = [EB]\,[U_y]\right] \tag{3.11}$$

其中，$B = K_x E^{-1} K_x - I$，E 是由介电常量谐波分量形成的矩阵，K_x 是对角矩阵，其第 i 个对角元素是 k_{xi}，I 是单位矩阵。

根据矩阵 B 以及光栅层的切向磁场和电场必须连续的条件，$U_{yi}(z)$ 和 $S_{xi}(z)$ 可写成与 B 的特征值、特征向量有关的表达式，再分别在光栅层上下两个边界处对光波的电磁场进行边界条件匹配，最终可求解出各个衍射级次下反射波和透射波的衍射效率：

$$\begin{cases} DE_{ri} = |R_i|^2\,\mathrm{Re}\left(k_{\mathrm{I},zi}/(k_0 n_1\cos\theta)\right) \\[2mm] DE_{ti} = |T_i|^2\,\mathrm{Re}\left(\dfrac{k_{\mathrm{III},zi}}{n_3^2}\right)\Big/\left(\dfrac{k_0\cos\theta}{n_1}\right) \end{cases} \tag{3.12}$$

根据能量守恒得

$$\sum_i\left(DE_{ri} + DE_{ti}\right) = 1 \tag{3.13}$$

　　TE 偏振光的求解过程同 TM 类似，这里不再介绍，详细求解过程请参考文献 [14]。

3.1.2　有限元分析法

　　3.1.1 节介绍的 RCWA 方法仅适用于分析周期性光栅结构，不再适用于非周期结构，因此，在数值计算非周期高折射率差光栅时，选择使用有限元法 (finite element method, FEM)[15−17]。

　　FEM 是一种求解偏微分方程近似解的数值方法，主要对物理领域中边界连续性问题进行求解。有限元法的两个基本核心是变分原理和加权余量法，其基本思想如下：①建立求解域并离散化，分成有限个互不重叠的单元；②在每个单元中选择合适的一些点作为求解函数的插值点；③用这些插值点替换待求偏微分方程中的因变量，构成一个由插值函数组成的线性方程组；④借助变分原理或加权余量法求解微分方程。

　　这里以一维周期光栅为例，介绍有限元法的求解过程。图 3.2 是一维周期光栅结构的示意图。选择一个光栅单元为研究对象，光栅周期为 Λ，光栅厚度为 h。设求解域为 Ω, Γ^1、Γ^2、Γ^3 和 Γ^4 分别是求解域 Ω 的四个边界。

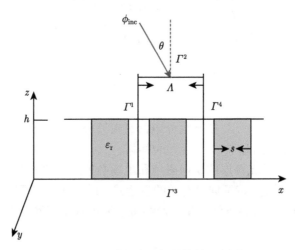

图 3.2　一维周期光栅结构的示意图

　　TE 模的控制方程可以写为

$$\frac{\partial^2 \phi}{\partial^2 x} + \frac{\partial^2 \phi}{\partial^2 z} + k_0^2 \varepsilon_{\mathrm{r}}(x, z)\phi = 0 \tag{3.14}$$

其中，k_0 是自由空间的波数；$k_0^2 = \omega^2 \varepsilon_0 \mu_0$；$\varepsilon_{\mathrm{r}}$ 是光栅的介电常量。

可以将边值问题等价于变分问题:

$$\begin{cases} \delta F\left(\phi\right)=0 \\ \phi=p \end{cases} \tag{3.15}$$

得到式 (3.14) 的等价泛函:

$$F\left(\phi\right)=\frac{1}{2}\iint_{\Omega}\left[\left(\frac{\partial\phi}{\partial x}\right)^2+\left(\frac{\partial\phi}{\partial y}\right)^2+k_0^2\varepsilon_{\mathrm{r}}\phi^2\right]\mathrm{d}xy+\int_{\Gamma}\left(\frac{1}{2}\phi\gamma\left(\phi\right)-q\phi\right)\mathrm{d}\Gamma \tag{3.16}$$

其中,$\gamma\left(\phi\right)$ 是一个与边界条件有关的算子。

然后将求解域 Ω 剖分成节点基三角元。每个单元中的场为 $\phi^{(\mathrm{e})}\left(x,z\right)$,可以近似为

$$\phi^{(\mathrm{e})}\left(x,z\right)=\sum_{j}=\phi_j^{(\mathrm{e})}\left(x,z\right)N_j^{(\mathrm{e})}\left(x,z\right)=\left\{N^{(\mathrm{e})}\right\}^{\mathrm{T}}\left\{\phi^{(\mathrm{e})}\right\} \tag{3.17}$$

其中,$\phi_j^{(\mathrm{e})}\left(x,z\right)$ 和 $N_j^{(\mathrm{e})}\left(x,z\right)$ 分别表示相关的节点基三角元 (e) 的展开系数和形函数。将式 (3.17) 代入式 (3.15),利用 Rayleigh-Ritz 方法,得到代数方程组:

$$[K]\{\phi\}-\sum_{a=1}^{4}\sum_{e}{}'\int_{\Gamma_a}\{N\}\frac{\partial\phi}{\partial n}\,|\Gamma_a\,\mathrm{d}\Gamma=\{0\} \tag{3.18}$$

其中,$\{\phi\}$ 中的元素是 ϕ 在求解域 Ω 中所有节点上的值;$[K]$ 是一个复数矩阵。

$$K_{ij}=\iint_e\left\{\frac{\partial N_i^{(\mathrm{e})}}{\partial x}\frac{\partial N_j^{(\mathrm{e})}}{\partial x}+\frac{\partial N_i^{(\mathrm{e})}}{\partial z}\frac{\partial N_j^{(\mathrm{e})}}{\partial z}-k_0^2\varepsilon_{\mathrm{r}}N_i^{(\mathrm{e})}\partial N_j^{(\mathrm{e})}\right\}\mathrm{d}x\mathrm{d}z \tag{3.19}$$

然后是对边界的处理。将式 (3.18) 改写为矩阵形式:

$$\begin{bmatrix} [K]_{00} & [K]_{01} & [K]_{02} & [K]_{03} & [K]_{04} \\ [K]_{10} & [K]_{11} & [K]_{12} & [K]_{13} & [K]_{14} \\ [K]_{20} & [K]_{21} & [K]_{22} & [K]_{23} & [K]_{24} \\ [K]_{30} & [K]_{31} & [K]_{32} & [K]_{33} & [K]_{34} \\ [K]_{40} & [K]_{41} & [K]_{42} & [K]_{43} & [K]_{44} \end{bmatrix}\begin{bmatrix} \{\phi\}_0 \\ \{\phi\}_1 \\ \{\phi\}_2 \\ \{\phi\}_3 \\ \{\phi\}_4 \end{bmatrix}=\begin{bmatrix} \{0\} \\ -\sum_e{}'\int_{\Gamma_1}\{N\}\frac{\partial\phi}{\partial x}\,|\Gamma_1\mathrm{d}z \\ \sum_e{}'\int_{\Gamma_2}\{N\}\frac{\partial\phi}{\partial x}\,|\Gamma_2\mathrm{d}z \\ \sum_e{}'\int_{\Gamma_3}\{N\}\frac{\partial\phi}{\partial z}\,|\Gamma_3\mathrm{d}x \\ \sum_e{}'\int_{\Gamma_4}\{N\}\frac{\partial\phi}{\partial z}\,|\Gamma_4\mathrm{d}x \end{bmatrix} \tag{3.20}$$

当 TE 偏振光以 θ 角入射光栅表面时, 零阶弗洛凯 (Floquet) 本征模为

$$\phi^{\text{inc}}(x,z) = e^{-j\beta_0 x} e^{j\gamma_0 z} \tag{3.21}$$

其中, $\beta_0 = k_0 \sin\theta$ 是布洛赫波数, $\gamma_0 = k_0 \cos\theta$, $k_0^2 = \omega^2 \varepsilon_0 \mu_0$。

由于光栅是周期分布, 模函数满足 $\phi(x+\Lambda, z) = e^{-j\beta_0 x} \phi(x,z)$, 则在边界 Γ^2、Γ^3 上和计算域内的总场可认为是弗洛凯本征模的线性叠加, 在上边界的总场是入射波和反射波的叠加, 在下边界是透射波。在沿着光栅周期的方向上, 是两个周期边界条件 Γ^1、Γ^4。将这四个边界条件代入矩阵方程 (3.20), 就可以解出 ϕ 在边界上的节点值, 然后再代入式 (3.17) 得到电场值, 从而可以得到反射系数和透射系数。

3.2　高折射率差光栅宽带高反高透原理

在光电领域中很多器件和应用都需要大量使用到平面反射镜或抗反射结构, 如半导体激光器、探测器、传感器等, 它们需要具有很高的反射率或透射率, 并且应在宽光谱范围内都有良好的性能。以反射镜为例, 传统的反射镜由金属制成, 金属对光波的吸收损耗致使反射率往往比较低。后来出现了介质反射镜, 虽能获得高反射率, 但带宽较窄。目前广泛使用的分布式布拉格反射镜 (distributed Bragg reflector, DBR) 由两种不同折射率的材料交替叠加排列, 为保证反射效率, 必须生长很多层材料, 这不仅增加了器件厚度, 也增加了工艺难度。

基于周期高折射率差光栅的反射镜和增透结构, 尺寸小、制备工艺简单, 且对光能的损耗小、效率高。通过调整光栅的结构参数, 就能控制光栅中激励的模式, 进而实现宽带宽的高反射率或高透射率。以一维周期高折射率差光栅为例, 图 3.3(a) 与 (b) 分别展示了具有宽带高反和高透特性的两种结构的反射 (透射) 曲线。它们都是单层悬空的硅光栅, 在 TM 偏振光垂直入射下用 RCWA 法计算得到。其中图 (a) 所示的光栅周期为 700 nm, 光栅占空比为 0.58, 光栅厚度为 450 nm。

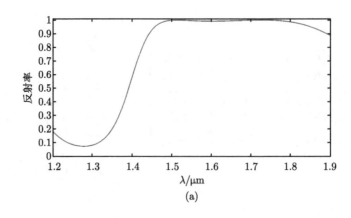

(a)

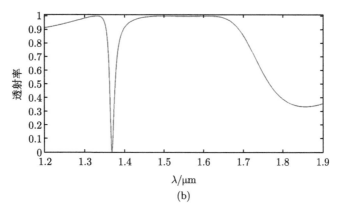

图 3.3 一维周期高折射率差光栅在 TM 波垂直入射下的 (a) 反射和 (b) 透射特性曲线

可以看出, 在 1490~1790 nm 的波长范围内, 反射率都接近于 100%。图 (b) 中的光栅周期为 800 nm, 光栅占空比为 0.4, 光栅厚度为 700 nm, 在 1420~1680 nm 的波长范围内, 透射率都大于 95%。

3.3 高折射率差光栅的相位控制原理

高折射率差光栅有一个重要的特性是波前相位控制, 通过改变光栅的周期、宽度等参数调制反射波或透射波的相位, 从而控制光束的传播方向, 实现光束会聚和光束偏转。

这里在周期高折射率差光栅的理论的基础上, 分析高折射率差光栅的相位控制原理。通过对一高折射率差光栅反射光束的相位控制, 逐步地选取局部光栅的周期和宽度, 组成非周期结构, 可以实现光束的会聚。近年来, 各种形状的具有光束会聚特性的二维高折射率差光栅结构应运而生。因此在研究一维周期性高折射率差光栅的基础上, 进一步分析二维高折射率差光栅的波前相位控制原理。

3.3.1 一维高折射率差光栅的波前相位控制原理

高折射率差光栅除了高反射、高透射、偏振控制特性以外, 还有一个重要而有趣的特性——波前相位控制[18]。高折射率差光栅可以看作一个耦合谐振系统, 由于高折射率差光栅传导的光波快速散射到零级衍射级中并且干扰入射光, 从而产生相长干涉或相消干涉, 消除非零级衍射, 增加了耦合效率, 实现高反射和透射特征。高折射率差光栅的相位具有空间依赖性。局部相位分布取决于局部结构参数, 如光栅宽度或光栅周期。因此可通过改变局部光栅参数来控制反射或透射光束的相位分布, 同时保持高反射率或透射率。

图 3.4 是一维非周期高折射率差光栅结构简图, 其中的橙色矩形代表光栅条

(一般为硅材料), 光栅条的周围被空气覆盖。当光栅厚度为固定的常数时, 随着光栅周期和光栅宽度的变化, 每个光栅条会对入射波各自独立地进行相位调制, $\Phi(x_i)(i=\cdots,-2,-1,0,1,2,\cdots)$ 为一一对应的相位, 反射率或透射率也随之变化。由于高折射率差光栅的局部谐振特性, 空间某一点处的反射或透射特性仅取决于该点附近的局部几何结构, 而与其他部分无关。

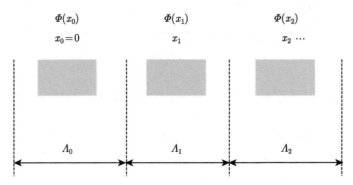

图 3.4   一维非周期高折射率差光栅结构简图

由此得出, 每个光栅条的周期和宽度束随机变化, 没有规律性。但是各自的相位 $\Phi(x_i)$ 组合在一起形成了满足光束控制的相位分布。两种相位分布是值得注意的, 一种是产生反射或透射光束偏转的线性相位分布, 可表示为 $\Phi(x,y)=\alpha_x x+\alpha_y y(\alpha_x$ 和 α_y 是需要设计的参数), 光束偏转的角度取决于 α_x 和 α_y, 其中 x 和 y 是与波束传播方向正交的平面上的空间坐标; 另一种是实现反射或透射光束会聚的抛物线相位分布, 可表示为 $\Phi(x,y)=k_0\left(x^2/(2f_x)+y^2/(2f_y)\right)$, f_x 和 f_y 分别是光束在 x 轴和 y 轴方向上会聚的焦距。

3.3.2   二维高折射率差光栅的波前相位控制原理

图 3.5 是二维高折射率差光栅的 xy 平面示意图, 中间的黄色正方形表示光栅块 (一般为 Si 材料), 其长和宽相等, 设为 W。外面的大的正方形是低折射率材料 (一般为空气或者 SiO_2), 两个互相垂直方向的周期相等, 即 $\Lambda_x=\Lambda_y=\Lambda$。这样就保证了结构的对称性, 实现偏振无关特性。由于二维高折射率差光栅是高折射率差周期, 其具有高反射和高透射的光学特性。当阵列中不连续光栅块与其周围材料之间的折射率差较大时, 光栅块之间的相互作用变得可以忽略不计, 并且每个光栅块的反射或透射特性取决于自身的结构, 而不是整个阵列的集体耦合响应。这时的反射或透射相位, 以及反射率或透射率将会随着局部光栅块宽度 W 的变化而变化。因此, 在整个高反射或高透射区域内选择满足 $0\sim2\pi$ 范围内的相位, 然后逐个地找到满足实现光束控制的相位条件的合适宽度的光栅块单元, 最

后将这些正方形光栅块排列组合，从而实现光束控制。

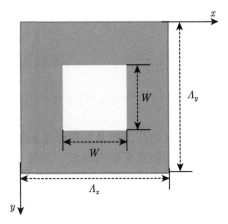

图 3.5 二维高折射率差光栅的 xy 平面示意图

3.4 高折射率差光栅制备工艺

制备光栅器件的微纳加工工艺，比较常用的有电子束曝光、深紫外光刻、干法刻蚀、湿法刻蚀等。本章中高折射率差光栅器件的制备主要采用电子束曝光和干法刻蚀相结合的方法。下面简单介绍这两种技术方法。

3.4.1 电子束曝光

电子束曝光 (electron beam lithography, EBL) 技术 [19~21] 是利用电子束在涂有电子抗蚀剂的晶片上直接描画或投影复印图形的技术。其工作原理如下：当由电磁场聚焦成微细束的电子束照射到电子抗蚀剂上时，使用电子偏转系统使聚焦的电子束进行偏转扫描，将定义的图案直接写到电子抗蚀剂上而无须使用掩模版。与其他光刻技术相比，电子束光刻具有分辨率高、不需要掩模版、非常灵活等优点。但是由于电子束光刻速度慢，所以不适合大批量生产，只适合小批量、特殊器件的生产。

电子抗蚀剂俗称电子束光刻胶，是一种对电子敏感的高分子聚合物。电子束光刻胶经电子束曝光后，会使聚合物的化学性质发生改变，产生断链反应或交链反应。断链反应占主导地位的光刻胶为正性光刻胶，而交链反应占主导地位的光刻胶称为负性光刻胶。二者最后处理的方式不同，对于正性光刻胶，在显影后经电子束照射区域的光刻胶被溶解掉，而未经照射区域的光刻胶则保留下来；对于负性光刻胶则情况相反。几种常用的光刻胶的参数列于表 3.1[22]。

表 3.1   常用光刻胶性能对比

光刻胶	类型	分辨率/nm	灵敏度/(μC/cm²)
ZEP-520	正性	10	30
PMMA	正性	10	100
HSQ	负性	10	2500
Ma-N2400	负性	80	60

3.4.2   干法刻蚀

晶片经电子束光刻后，主要的任务就是利用干法刻蚀除去被刻蚀的薄膜。干法刻蚀是利用等离子体中产生的粒子来轰击材料。对处于适当低压状态的气体施加电压时，原先呈中性的分子受激离解成各种正粒子，包括带电离子、自由基、分子、电子等，即通常所说的等离子体或电浆。等离子体是气体分子电离时的特殊状态，本身可以传导电流。在干法刻蚀的过程中，发挥主要功能的粒子是正离子与自由基。它们与材料表层发生作用，使生成物脱落或产生挥发气体。干法刻蚀常用的方法有反应离子刻蚀 (RIE) 法、电感耦合等离子体 (ICP) 刻蚀法等。ICP刻蚀技术因其具有速度快、损伤小、大面积均匀性好、刻蚀表面平整光滑等一系列的优点 [23]，被广泛应用于半导体材料的刻蚀。

3.4.3   制备工艺流程

本书采用电子束曝光和干法刻蚀相结合的方法来制备高折射率差光栅结构。由于书中的高折射率差光栅都是基于 SOI 结构实现的，所以以基于 SOI 晶片的高折射率差光栅为例简单介绍其制备过程 [24,25]，如图 3.6 所示。高折射率差光栅的制备工艺流程可以分为以下几个步骤：

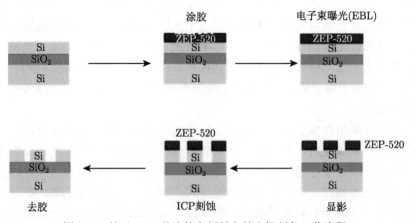

图 3.6   基于 SOI 晶片的高折射率差光栅制备工艺流程

(1) 对 SOI 晶片进行清洗，并在 SOI 晶片的顶层硅表面均匀涂覆 ZEP-520 光刻胶。

(2) 使用电子束曝光将图案写到光刻胶上。

(3) 将样品放在碱性显影液和定影液中进行显影和定影。

(4) 显影后高温烘烤，又叫硬烘。硬烘过的胶因发生硬化而具有抗蚀特性，可以在以后的蚀刻、离子注入和淀积等工艺中起到掩模的作用。

(5) 对显影后的晶片进行 ICP 干法刻蚀。

(6) 最后去胶烘干，刻蚀完成。

参 考 文 献

[1] Mateus C F R, Huang M C Y, Deng Y, et al. Ultrabroadband mirror using low-index cladded subwavelength grating [J]. IEEE Photonics Technology Letters, 2004, 16(2): 518-520.

[2] Mateus C F R, Huang M C Y, Chen L, et al. Broad-band mirror (1.12-1.62 μm) using a subwavelength grating [J]. IEEE Photonics Technology Letters, 2004, 16(7): 1676-1678.

[3] Wu H, Mo W, Hou J, et al. Polarizing beam splitter based on a subwavelength asymmetric profile grating[J]. Journal of Optics, 2010, 12(1): 015703.

[4] Lee J H, Woong Yoon J, Jung M J, et al. A semiconductor metasurface with multiple functionalities: A polarizing beam splitter with simultaneous focusing ability [J]. Applied Physics Letters, 2014, 104(23): 1470-1474.

[5] Yang J B, Zhou Z P. Double-structure, bidirectional and polarization-independent subwavelength grating beam splitter [J]. Optics Communications, 2012, 285: 1494-1500.

[6] Zhou Y, Moewe M, Kern J, et al. Surface-normal emission of a high-Q resonator using a subwavelength high-contrast grating[J]. Optics Express, 2008, 16(22): 17282-17287.

[7] Zhang J J, Yang J B, Lu H Y, et al. Subwavelength TE/TM grating coupler based on silicon-on-insulator [J]. Infrared Physics & Technology, 2015, 71: 542-546.

[8] 马长链, 黄永清, 段晓峰, 等. 一种设计环形会聚光栅反射镜的新方法 [J]. 物理学报, 2014, 63(24): 240702-240709.

[9] Duan X, Zhou G, Huang Y, et al. Theoretical analysis and design guideline for focusing subwavelength gratings [J]. Optics Express, 2015, 23(3): 2639-2646.

[10] Lu F L, Sedgwick F G, Karagodsky V, et al. Planar high-numerical-aperture low-loss focusing reflectors and lenses using subwavelength high contrast gratings [J]. Opt. Express, 18(12), 2010: 12606-12614.

[11] Ma C, Huang Y, Duan X, et al. High-transmittivity non-periodic sub-wavelength high-contrast grating with large-angle beam-steering ability [J]. Chinese Optics Letters, 2014, 12(12): 5-8.

[12] Li K, Rao Y, Chase C, et al. Beam-Shaping single-mode VCSEL with a high-contrast grating mirror [A]. Conference on Lasers and Electro-Optics: Science & Innovations, 2016: SF1L.7.

[13] Duan X, Wang J, Huang Y, et al. Mushroom-mesa photodetectors using subwavelength gratings as focusing reflectors[J]. IEEE Photonics Technology Letters, 2016, 28(20): 2273-2276.

[14] Moharam M G, Gaylord T K. Rigorous coupled-wave analysis of planar-grating diffraction [J]. JOSA, 1981, 71(7): 811-818.

[15] Koshiba M, Inoue K. Simple and efficient finite-element analysis of microwave and optical waveguides [J]. IEEE Transactions on Microwave Theory and Techniques, 1992, 40(2): 371-379.

[16] Koshiba M, Hayata K, Suzuki M. Improved finite-element formulation in terms of the magnetic field vector for dielectric waveguides [J]. IEEE Transactions on Microwave Theory and Techniques, 1985, 33(3): 227-233.

[17] 秦卫平, 方大纲. 有限元法结合周期边界条件分析介质光栅衍射 [J]. 电波科学学报, 2001, 16(4): 479-483.

[18] Carletti L, Malureanu R, Mørk J, et al. High-index-contrast grating reflector with beam steering ability for the transmitted beam[J]. Optics Express, 2011, 19(23): 23567-23572.

[19] 刘明, 陈宝钦, 梁俊厚. 电子束曝光在纳米级超微细加工中的应用 [C]. 全国电子束、离子束、光子束学术年会, 1999.

[20] 张琨, 林罡, 刘刚, 等. 电子束光刻技术的原理及其在微纳加工与纳米器件制备中的应用 [J]. 电子显微学报, 2006, 25(2): 97-103.

[21] 陈宝钦, 赵珉, 吴璇, 等. 电子束光刻在纳米加工及器件制备中的应用 [J]. 微纳电子技术, 2008, 45(12): 683-688.

[22] 胡劲华. 新型微纳结构与硅基 Ⅲ-V 族半导体光探测器研究 [D]. 北京：北京邮电大学, 2014.

[23] 樊中朝, 余金中, 陈少武. ICP 刻蚀技术及其在光电子器件制作中的应用 [J]. 微细加工技术, 2003(2): 21-28.

[24] Cristoloveanu S. Silicon on insulator technologies and devices: from present to future [J]. Solid-State Electronics, 2011, 45 (8): 1403-1411.

[25] Subramanian V R, Decorby R G, Mcmullin J N, et al. Fabrication of aperiodic gratings on silicon-on-insulator (SOI) rib waveguides using e-beam lithography[J]. Proceedings of SPIE - The International Society for Optical Engineering, 2002, 4654: 45-53.

第 4 章　一维高折射率差光栅器件

4.1　具有光束偏转功能的一维高折射率差光栅反射镜

根据波前相位控制原理，亚波长高折射率差光栅可以实现光束偏转特性。具有小角度光束偏转特性的高折射率差光栅已经被提出。2011 年，Carletti 等提出了亚波长高折射率差光栅结构对透射波的相位调制现象[1]，光栅结构可以将透射光束偏转 5.98° 的角度。然而，其偏转角度较小，而且透射率也不高。因此，本节提出了亚波长高折射率差光栅对反射波的相位调制及实现大角度光束偏转特性，设计了具有大角度光束偏转功能的亚波长高折射率差光栅反射镜。

高折射率差光栅的高反射率和光束控制能力可以有利于许多应用，比如北京邮电大学任晓放课题组提出了一镜斜置三镜腔结构的光探测器[2]，将具有光束偏转特性的高折射率差光栅反射镜代替器件中的 DBR 斜镜，不但有效地解决了 DBR 的反射率低、结构制备困难等问题，而且提高了工艺误差容限，缩小了器件面积。

4.1.1　实现光束偏转功能的相位分布

由相位调制原理可知，亚波长高折射率差光栅实现光束偏转满足的相位分布在反射平面呈线性分布，如图 4.1(a) 所示。反射光的相位可以表示为 $\Phi(x) = \alpha_x x$，α_x 是比例系数，单位为 rad/m。

设定反射波的电场形式为

$$E(x, z) = E_0(x, z) \exp\left[jk_0(x \sin\theta + z \cos\theta)\right] \tag{4.1}$$

其中，$k_0 = 2\pi/\lambda$ 是入射波长为 λ 时的波数；θ 是反射光波矢量和正 z 轴之间的角度。当 z 轴上的坐标是固定值时，反射面上的相位分布表示为

$$\Phi(x) = k_0 x \sin\theta + c \tag{4.2}$$

对相位求微分可以得到：$\Phi(x)' = k_0 \sin\theta$，所以 $\alpha_x = k_0 \sin\theta$，从而可得到偏转角度

$$\theta = \arcsin(\alpha_x/k_0) \tag{4.3}$$

如图 4.1(b) 所示，非周期高折射率差光栅的两端之间的总相位差为 $\Delta\Phi$，因此比例系数为 $\alpha_x = \Delta\Phi/d$。将其代入式 (3.16) 中求得光束偏转角度：

$$\theta = \arcsin[\Delta\Phi/(d \cdot k_0)] \tag{4.4}$$

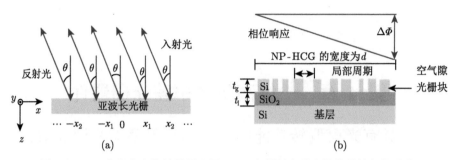

图 4.1　(a) 实现光束偏转的原理图；(b) 高折射率差光栅的线性相位分布

4.1.2　结构设计

由于高折射率差光栅的局部谐振特性，非周期光栅上某一点邻域内的反射或透射系数仅由光栅的局部几何结构决定，所以确定某一光栅条的尺寸是独立的。通过计算不同的周期和占空比，使每个光栅条的中心位置处所对应的离散相位值都满足式 (4.2) 的关系，就可以实现光束偏转特性的非周期高折射率差光栅结构。

根据前面介绍的非周期亚波长高折射率差光栅的波前相位控制原理，具体设计过程如下 [3]：

(1) 根据严格耦合波分析 (RCWA) 法，计算出周期高折射率差光栅在不同周期 (Λ) 和宽度 (s) 的反射率 (透射率) 和相位。然后在高反射 (高透射) 区域选取满足相位在 $0 \sim 2\pi$ 区间内连续变化的一系列 (Λ_m, s_m)，下标 m 为正整数。

(2) 在步骤 (1) 中可以得到一系列满足要求的数据，这些数据可以看作查找表，从中依次选择满足相位线性分布的 $0 \sim N$ 个光栅条，选择合适的周期和宽度，使得任意两个相邻的光栅条之间的位置和相位关系都满足式 (4.2)，如图 4.1(a) 所示。光栅条位置和相位的关系可用以下公式表示

$$x_{m+1} = x_m + (\Lambda_m + \Lambda_{m+1})/2, \quad m = 0, 1, 2, \cdots, M$$

$$\Phi(x_{m+1}) = \Phi[x_m + (\Lambda_m + \Lambda_{m+1})/2] = k_0 x_{m+1} \sin\theta \tag{4.5}$$

其中，x_m 是第 m 个光栅条的中心位置对应的坐标；Λ_m 是第 m 个光栅条的周期。

根据以上设计方法，可以设计光束偏转角度 20° 的非周期条形高折射率差光栅反射镜。该结构包括 500 nm 硅层 (Si 厚度为 t_g) 和 500 nm 掩埋氧化层 (SiO$_2$ 厚度为 t_1)，如图 4.1(b) 所示。光栅层为硅层，Si 和 SiO$_2$ 的折射率分别为 3.48 和 1.47。首先，使用 RCWA 方法计算出不同光栅周期、宽度的反射率和相位分布图，波长设定为 1550 nm，入射光为垂直入射的 TM 偏振光。图 4.2 是周期高折射率差光栅在不同周期、宽度的反射率和相位分布。图 4.2(a) 是以周期为横轴，以宽度为纵轴的反射率分布，周期在 0.3 ~1.2 μm 范围内变化，宽度在 0.1 ~0.7

μm 范围内变化。图 4.2(b) 是对应的相位分布。在高反射率的区域选择的反射光的相位能够覆盖 0 ~ 2π 区间的全部范围，然后依次选择每个光栅条，使得相邻光栅的相位满足式 (4.5)。值得注意的是，在高反区域所对应的相位要覆盖尽可能大的相位范围，选取对应的光栅结构参数才能保证光栅反射束的偏转能力同时保证光栅的高反射率。图 4.2 的数据可以看作查找表，将光栅周期和宽度同相位以及反射率一一对应。图中的黑色点表示在高反射区域选取满足相位的周期和宽度。这些参数组合起来形成新的非周期高折射率差光栅结构来实现光束偏转。

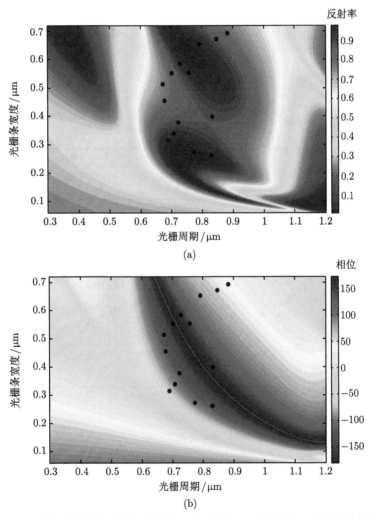

图 4.2　周期高折射率差光栅的周期、宽度同 (a) 反射率和 (b) 相位的关系

图 4.3 给出非周期高折射率差光栅各个局部位置的结构参数。图 4.3(a) 中红

色线表示偏转角度为 20° 的非周期高折射率差光栅理想相位分布。通过公式 (4.4)，得到相位差 $\Delta\Phi$ 为 13.4 rad，光栅总宽度为 9.66 μm。蓝色的实心点表示选取的对应光栅参数的离散相位值。图 4.3(b) 给出了每个蓝色的实心点相位值对应的周期值和宽度，其中蓝色三角形表示每个光栅条的宽度，绿色五角星表示每个光栅周期。

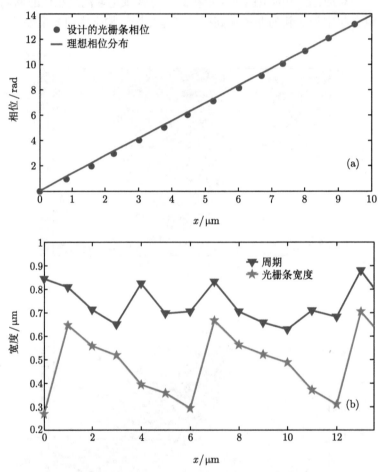

图 4.3　(a) 相位分布；(b) 非周期高折射率差光栅结构参数

4.1.3　理论仿真

从图 4.3 的光栅结构参数得到具有光束会聚功能的非周期条形高折射率差光栅结构。RCWA 方法不再适用于分析该结构的光学特性，因此这里采用基于 FEM 的商业软件 COMSOL 来仿真光束偏转角度为 20° 的非周期高折射率差光栅结构。在仿真过程中，光栅结构总长度为 9.66 μm，包含 14 块光栅条。为了避免反射干涉，使用了完美匹配层和散射边界条件。图 4.4(a) 显示反射光的电场强度分布，可以明显地看出，当垂直入射 1550 nm 波长的 TM 偏振光时，非周期条形高折射率差光栅的反射光波向同一方向偏转。图 4.4(b) 显示了距反射平面 18 μm、20 μm、22 μm、24 μm 的电场强度，随着距离增大，强度减弱。经计算，在 18 μm 处的电场强度最高，从 18 μm 到 24 μm 的电场强度峰值在 x 负方向偏移了 1.875 μm，从而得到偏转角度为 $\theta = \arctan(1.875/6) = 17.35°$，与设计的角度 20° 基本一致，总的反射率为 92.31%。至于偏转角度产生的误差，其原因是，选取的相位是离散分布，而不是由相位公式 (4.2) 计算得到的连续分布。

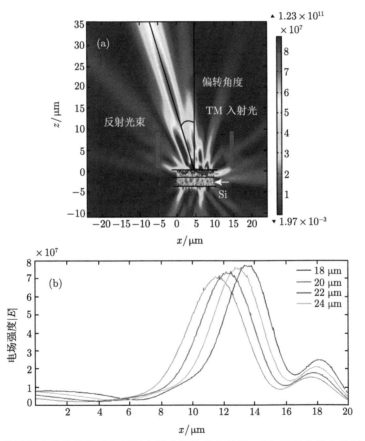

图 4.4　非周期光束偏转条形高折射率差光栅的仿真结果：(a) 反射光的电场强度分布；(b) 不同距离下的电场强度

为了说明设计的非周期高折射率差光栅反射镜具有宽光谱的特性，这里仿真了距反射平面 18 μm 时波长在 1530~1570 nm 范围内的电场强度。如图 4.5 所示，在 40 nm 范围内，各个电场强度的曲线轮廓基本一致，也没有产生位移，只是强度大小稍有差别。因此，波长对反射波偏转的角度没有影响，而且在 40 nm 范围内具有高反射。

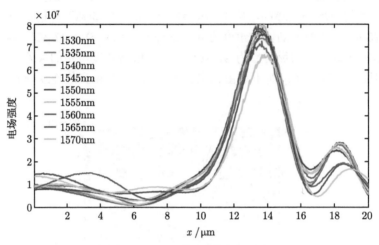

图 4.5　不同波长下的电场强度

4.1.4　一维高折射率差光栅反射镜制备

基于亚波长光栅结构的制备工艺流程，可以制备偏转角度为近 20° 的非周期亚波长高折射率差光栅反射镜。该光栅结构包括厚度为 500 nm 的硅层和厚度为 500 nm 的二氧化硅层。光栅结构的面积为 500 μm × 500 μm，包含 632 个周期，光栅周期最大为 894 nm，最小为 634nm。非周期性高折射率差光栅反射镜的光学微观图像，以及不同位置的 SEM 图像，如图 4.6 所示。

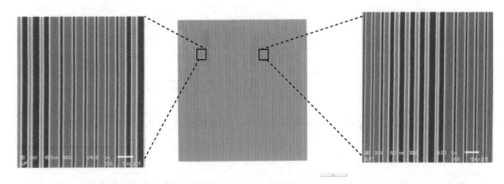

图 4.6　非周期性高折射率差光栅反射镜的光学微观图像，以及不同位置的 SEM 图像

4.1.5 实验测试和分析

图 4.7 是验证非周期高折射率差光栅反射镜的光束偏转能力的实验系统。首先使用输出功率为 1 mW 的 Anritsu Tunics SCL 可调激光器作为光源，并通过大面积光探测器获得 0.97 mW 的输入功率。激光器输出光耦合到偏振控制器形成 TM 偏振光。然后通过直径为 (10.5± 1.0) μm 的保偏光纤以保证输入光为 TM 偏振光。使用直径为 4~5 μm 的锥形光纤在距反射平面 300 μm 处收集反射光束。锥形光纤必须通过微调系统来调整到与光纤相同的平面，以获得最大耦合效率，同时使用精度为 ± 0.2° 的角度测量仪来测量最佳角度。然后，调节平移台在最佳角度的两侧得到不同角度的反射光，最后用光谱仪记录测量数据。

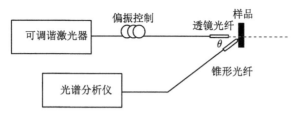

图 4.7　偏转角度为 20° 的高折射率差光栅反射镜的测试系统

根据上述实验系统，在距反射平面为 300 μm 处，测试从 16.4° ~ 17.4° 不同角度的反射功率。图 4.8(a) 是入射光波长为 1550 nm 时，在不同角度 θ 处测得反射光的功率谱。图 4.8(b) 是不同角度处对应的反射光的接收功率值。从图 4.8(b) 可以看出，在 17.2° 处取得反射光的峰值功率，这与仿真得到的偏转角度 17.35° 基本一致。而且还可以看出，在不同角度处的功率谱在形状上几乎没有变化，且彼此之间没有漂移。测试结果表明，设计的高折射率差光栅结构具有良好的光束偏转能力。

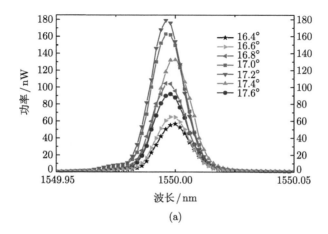

(a)

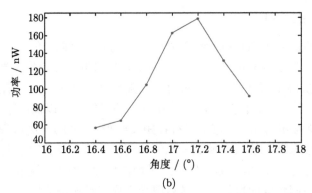

(b)

图 4.8   测试结果：(a) 入射波长为 1550 nm 时，在不同角度下的功率谱；(b) 不同角度下接
收的功率

在角度为 17.2° 时，测试了 1530~1570 nm 范围内的反射功率，其间隔约为
5 nm，结果如图 4.9(a) 所示。图 4.9(b) 表示的仿真结果为距反射平面 18 μm(强
度最大的反射平面) 时波长在 1530~1570 nm 范围内的电场强度峰值。从图中

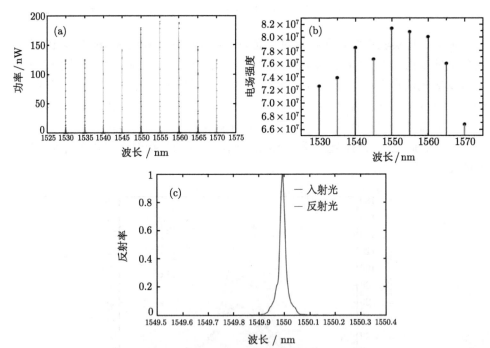

图 4.9   (a) 在角度 17.2° 处，不同波长下的反射光功率谱；(b) 距反射平面 18μm 时，波长在
1530~1570 nm 范围内电场强度峰值；(c) 波长为 1550 nm 处的入射光和反射光的归一化强
度分布

可以看出，不同波长的接收功率值并没有变化太多，反射功率值的大小趋势与图 4.9(b) 所示的仿真结果基本一致。图 4.9(c) 表示 1550 nm 波长的入射光的归一化强度分布和反射光的归一化强度分布，且二者表现出良好的一致性。因此，非周期角度偏转高折射率差光栅反射镜具有宽带波长响应的特性，这种特性归结于高折射率差光栅的宽带特性和波长可扩展性。

4.2 具有光束会聚功能的一维高折射率差光栅反射镜

近年来，具有光束会聚特性的非周期性高折射率差光栅备受关注。2010 年，美国惠普实验室的 Fattal 等提出，高折射率差光栅在保持高反射率的条件下可以进一步对反射光的相位进行调制 [4]。高折射率差光栅结构采用光栅条厚度为 470 nm 的非晶硅，光栅结构的衬底是 SiO_2。作者制备出了焦距为 17.2 mm，半径为 150 μm 的平面、椭圆形、球形三种光栅结构，同时测得其焦距均在 (20±3) mm，反射率为 80%～90%，平面光栅的会聚光斑半径大约为 150 μm。本节设计了一种具有光束会聚功能的亚波长高折射率差光栅，旨在实现高反射率及优越的反射光束会聚。

这些具有光束会聚功能的非周期的高折射率差光栅反射镜可以拓展和提升光通信器件的光学特性，比如，它们可以直接用于输出镜，使微型激光器能够输出横向模式轮廓；再比如，这些高折射率差光栅反射镜还可以作为底部反射镜与光探测器集成，有效地解决量子效率降低的问题。

4.2.1 实现光束会聚功能的相位分布

图 4.10 为一维条形非周期高折射率差光栅实现反射光束会聚的原理示意图。光波垂直入射到光栅上，经过光栅反射并会聚于 z 方向上的一点，焦距为 f_x。下面将推导一维高折射率差光栅实现光束反射会聚所满足的相位条件 [5]。

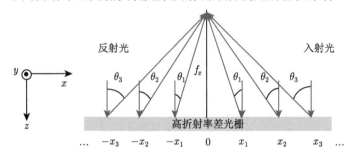

图 4.10　一维条形非周期高折射率差光栅实现反射光束会聚的原理示意图

在图 4.10 坐标系下，每一块光栅条对应的 x 坐标分别标记为 $x_1, x_2, \cdots, x_N$。设光栅上某一点处的反射光与入射光波矢之间的夹角为 θ_i，其对应光栅中心位置的 x_i 处，则反射波在 x_i 附近的电场强度可表示为

$$E\left(\theta_i, x, z\right) = E_0\left(x, z\right) \exp\left[\mathrm{j}k_0\left(x \sin\theta_i + z \cos\theta_i\right)\right] \tag{4.6}$$

其中，k_0 是入射波长为 λ 时的波数；角度 θ_i 是 z 轴正方向与 x_i 邻域反射光波矢之间的夹角。当在 z 轴方向上是定值时，反射平面上的相位表示为

$$\Phi\left(x\right) = k_0 x \sin\theta_i + c \tag{4.7}$$

式中，c 为常数。对相位 $\Phi(x)$ 求微分，得到

$$\Phi\left(x\right)' = k_0 x \sin\theta_i \tag{4.8}$$

根据射线方程得

$$\sin\theta_i = \frac{\Phi\left(x\right)'}{k_0} = \frac{x}{\sqrt{x^2 + f_x^2}} \tag{4.9}$$

对表达式 (4.9) 进行积分：

$$\Phi\left(x\right) = \int \Phi\left(x\right)' \mathrm{d}x = k_0 \sqrt{x^2 + f_x^2} + c \tag{4.10}$$

其中，c 为常数，由此，得到了反射光束实现会聚功能的相位分布。

4.2.2   结构设计

高折射率差光栅实现光束会聚的设计方法和实现光束偏转的方法基本上是一致的，都是基于非周期相位调制原理。区别在于实现的相位条件不同，其设计方法如下 [6,7]：

(1) 与实现光束偏转的第一步是相同的，在高反射区域选择满足相位在 $0 \sim 2\pi$ 区间内连续变化的一系列光栅参数。

(2) 从 (1) 中选择的满足相位条件的局部光栅参数，使得任意两个相邻的光栅条之间的位置和相位关系都满足式 (4.10)，如图 4.10 所示。光栅条位置和相位的关系可用以下公式表示

$$x_{m+1} = x_m + \left(\Lambda_m + \Lambda_{m+1}\right)/2, \quad m = 0, 1, 2, \cdots, M$$

$$\Phi\left(x_{m+1}\right) = \Phi\left[x_m + \left(\Lambda_m + \Lambda_{m+1}\right)/2\right] = k_0\left(\sqrt{x^2 + f_x^2} - f_x\right) + \Phi_0 \tag{4.11}$$

(3) 实现光束会聚功能的光栅结构关于 $x_0 = 0$ 左右对称，因此左半部分的各个光栅条的坐标的绝对值与右半部分的对应相等。

根据以上设计方法，设计具有光束会聚特性的一维非周期条形高折射率差光栅，其结构如图 4.11 所示。该结构是基于 SOI 晶片实现的，由 500 nm 硅层 (Si 厚度为 t_g) 和 500 nm 掩埋氧化层 (SiO$_2$ 厚度为 t_l) 组成。光栅层为硅层，厚度为 500 nm。Si 和 SiO$_2$ 的折射率分别为 3.48 和 1.47。4.2.1 节已经对非周期高折射率差光栅实现光波会聚功能所应满足的相位条件进行了数学推导，并得出了呈抛

物线型的相位分布，当一维条形高折射率差光栅的相位分布 $\Phi(x)$ 满足式 (4.10) 的形式时，反射光或透射光将实现会聚：

$$\Phi(x) = \frac{2\pi}{\lambda}\left(\sqrt{x^2 + f_x^2} - f_x\right) + \Phi_0 \tag{4.12}$$

其中，λ 为入射波长；f_x 为焦距；Φ_0 为 $x = 0$ 时的相位值。

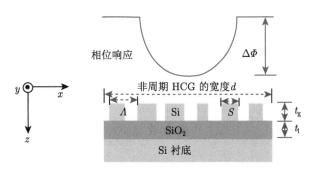

图 4.11   一维非周期条形光束会聚高折射率差光栅结构的相位分布图

在波长、光栅厚度、折射率等参数已知的情况下，这里以 1550 nm 波长下的 TM 偏振光为入射光，设计了焦距为 300 μm 的高折射率差光栅反射镜。首先计算出一维周期高折射率差光栅的反射率、反射相位。以周期作为横轴，变化范围为 $0.3 \sim 1.2$ μm；以光栅条宽度作为纵轴，变化范围为 $0.1\sim0.7$ μm。如图 4.12(a) 所示，图中的黑色点表示在高反射区域选取满足相位的周期和宽度。在高反射区域选取的离散相位能够覆盖 $0\sim2\pi$ 的整个变化范围，如图 4.12(b) 所示。这些参数组合起来形成新的非周期高折射率差光栅结构来实现光束会聚。同样地，图 4.12 的数据可以看作查找表，在表中查找满足相位和反射率的光栅周期和宽度。

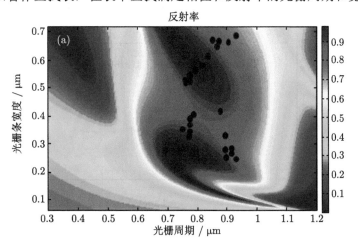

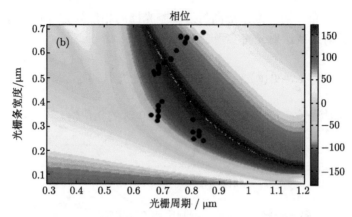

图 4.12   TM 偏振光下周期高折射率差光栅的 (a) 反射率和 (b) 相位图

满足相位和反射率的光栅结构参数及对应的相位分布如图 4.13 所示。图 4.13(a) 呈现了选取的局部 ($x>0$) 光栅参数,其中蓝色的五角星表示每个光栅条的周期,绿色菱形表示每个光栅条的宽度。图 4.13(b) 是设计光栅结构的相位分布。

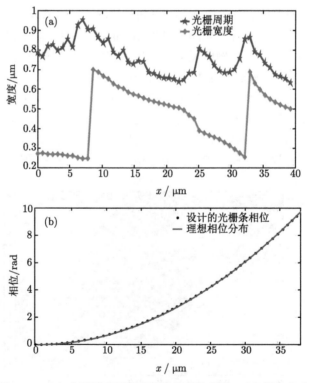

图 4.13   (a) 非周期高折射率差光栅结构参数；(b) 相位分布

黑色的实心点表示选取的对应光栅参数的离散相位值。红色线型表示的是由式 (4.12) 得到的理想的抛物曲线相位分布。这里特别说明一下，由于光束会聚光栅是关于 $x_0 = 0$ 左右对称的，所以，在设计过程中，只考虑 $x > 0$ 的部分即可。所以，由每个光栅条对应的离散相位组合在一起形成的整体分布，是式 (4.11) 中的抛物线的右边轮廓。然后，从最中间位置的第 0 个光栅条开始，在高反区域，由左向右依次挑选出满足相位分布的每一个光栅条的周期和占空比。最后，把第 1 到第 N 个光栅条的排列关于 $x_0 = 0$ 对称，就可以得到左半部分。

4.2.3 理论仿真

在图 4.13(a) 中，把选取的周期参数依次排列起来，得到非周期条形高折射率差光栅结构。这里同样使用 COMSOL 来仿真非周期的高折射率差光栅结构。该结构在设计时所需的总相位差为 9.78π，光栅结构总长度为 $39.6\ \mu m$。为了避免反射干涉，使用了完美匹配层和散射边界条件。图 4.14(a) 显示反射光的电场强

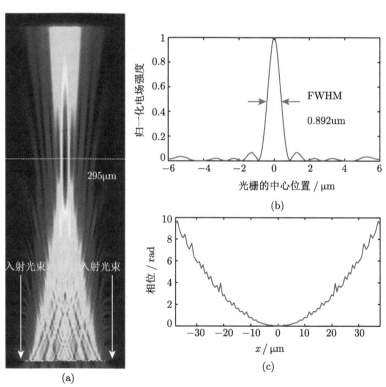

(a)

(b)

(c)

图 4.14 (a) 非周期会聚高折射率差光栅电场强度分布；(b) 反射平面上的反射波相位；(c) 焦距处的半高全宽

度分布，可以看出，当 1550 nm 波长的 TM 偏振光垂直入射光栅表面时，非周期条形高折射率差光栅的反射光波实现会聚。计算得到，反射面上总的反射率为 92%，焦距为 295 μm。图 4.14(b) 给出焦距处光束的半高全宽为 0.892 μm。图 4.14(c) 表示光栅表面处仿真得到的反射波相位，可以看出，相位轮廓与理论反射波相位十分接近，从而说明了该结构具有优越的光束会聚功能。

4.2.4 一维高折射率差光栅反射镜制备

为了便于测试光栅结构的光束会聚特性，这里制备了焦距为 15 mm 和焦距为 400μm 的非周期条形亚波长高折射率差光栅反射镜。光栅结构包括厚度为 500 nm 的硅层和厚度为 500 nm 的二氧化硅层。光栅结构的面积为 500 μm×500 μm。焦距为 15 mm 的非周期性高折射率差光栅反射镜的光学显微镜图像，以及局部位置的 SEM 图像如图 4.15 所示。

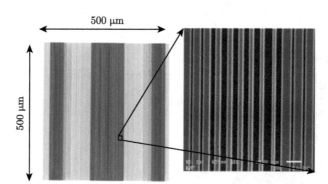

图 4.15　焦距为 15 mm 的非周期性高折射率差光栅结构的光学显微镜图像及局部位置的 SEM 图像

4.2.5 实验测试和分析

这里首先测试了具有光束会聚特性的高折射率差光栅结构的反射率，其实验系统结构图如图 4.16 所示。在系统中，将具有单模光纤尾纤的 Anritsu Tunics SCL 可调谐激光器作为光源。偏振控制器 (PC) 将激光束的偏振态设置为 TM，使得入射光为 1550 nm 波长的 TM 偏振光。然后耦合到波长范围为 1530～1580 nm 的三端口保偏光环行器中 (插入损耗小于 0.7dB)。来自端口 2 的输入光束通过透镜光纤垂直入射到非周期性高折射率差光栅。光功率计连接端口 3，用来收集光栅反射光的数据。为便于统计和观察，计算机通过通用接口总线 (GPIB) 控制器连接到可调谐激光器和光功率计，Python 脚本将自动扫描并记录计算机上的波长和反射功率。最后，根据接收到的数据绘制波长和光功率曲线。

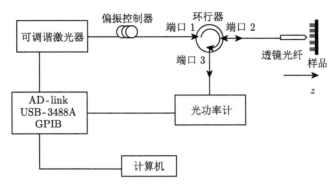

图 4.16 1550 nm 波长下的 TM 偏振光测试会聚特性高折射率差光栅反射率的实验装置

为了进一步更好地说明非周期高折射率差光栅的光束会聚特性，这里设计并搭建了以下实验装置。图 4.17 是在 1550 nm 波长下测试非周期高折射率差光栅结构会聚效果的实验系统。偏振控制器用来设置入射光为 TM 偏振。光纤准直器 (反射率：0.5%) 用来产生与制备光栅结构的尺寸近似匹配的较大直径光束，并将入射光转换成平行光。入射光经 50∶50 的立体分束器后，近 1/2 的透射光垂直入射到光栅结构。来自高折射率差光栅的反射光束再次经过立体分束器，同样只有 1/2 的反射光束被接收。最后使用 InGaAs 相机来记录反射光束的强度分布。

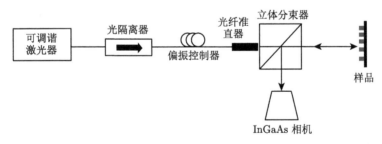

图 4.17 在 1550 nm 波长下，测试非周期高折射率差光栅结构会聚效果的实验装置

首先测试了非周期高折射率差光栅结构的反射率。图 4.16 是测试焦距为 15 mm 的非周期高折射率差光栅的反射率的实验系统，测试结果如图 4.18 所示。图 4.18(a) 表示在 $x = 0$ 处沿 z 轴的测试得到的光强度分布。$x = 0$ 表示光栅结构中心位置。z 方向的距离表示入射光和光栅结构之间的距离。从测试结果来看，强度沿 z 正方向不断增加，在 11.86 mm 处达到最大值，然后降低，因此计算得到高折射率差光栅结构的焦距为 11.86 mm，与设计值 15 mm 相近。设计值和测量值之间的差异可能有几个原因。首先，设计过程中选择的是离散相位。此外，测量过程中也引入了一些误差，光纤位置的误差为 0.5 μm。图 4.18(b) 展示了在不同 z 点处沿 x 轴方向的强度分布，分别给出了拟合的高斯分布。可以看出，最

高强度和最窄的 FWHM 出现在焦距处。通过这些测试数据，计算得到光栅结构的总反射率为 0.8320，低于设计值。这可能是由电子束光刻步骤中的邻近效应以及图 4.15 中显而易见的硅沟槽的表面粗糙度而导致的。

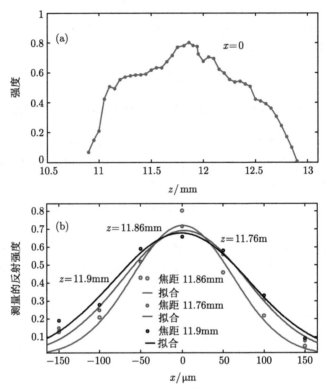

图 4.18　(a) 在 $x = 0$ 处沿 z 轴测得的非周期高折射率差光栅光强度分布；(b) 不同 z 点处沿 x 轴方向的光强度分布 (圆圈是测试的数据，曲线是拟合数据)

　　为了说明该结构具有宽带宽特性，这里测试了在 1530～1580 nm 波长范围内的反射率及焦距，其结果如图 4.19 所示。图 4.19(a) 给出了 1530～1580 nm 波长范围内的反射率，通过计算可以看出，反射光的反射率大部分在 0.56 以上。图 4.19(b) 表示 1530～1580 nm 波长范围内的焦距，在 50 nm 的带宽内，光栅结构的焦距在 11.81～12 mm。测试结果表明，制作的光栅在相对较宽的带宽下具有良好的会聚能力和高反射率。

　　为了进一步分析焦距为 15 mm 非周期高折射率差光栅结构的会聚效应，这里使用图 4.17 所示的实验装置来测试光束的会聚效率和光斑光强分布。图 4.20(a) 表示光束束腰约为 300 μm 的入射光的强度分布。图 4.20(b) 表示在焦点处反射光的强度分布，由于是一维高折射率差光栅，所以会聚的光束其实是一条线，测出来

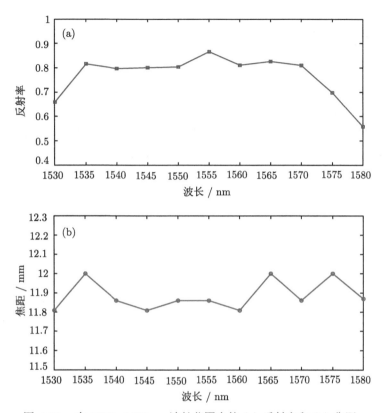

图 4.19   在 1530~1580nm 波长范围内的 (a) 反射率和 (b) 焦距

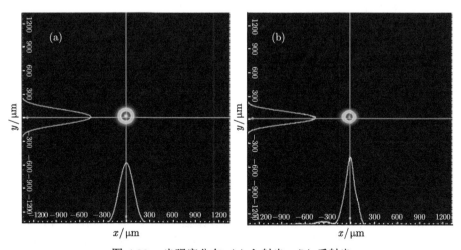

图 4.20   光强度分布: (a) 入射光; (b) 反射光

的光斑只在 x 方向有变化，因此测试出的会聚光斑呈椭圆形。从两幅图中可以看出，高折射率差光栅结构在焦点处的光斑尺寸明显减小。与入射光相比，FWHM 从 235 μm 降到 120 μm，峰值光强增加了 1.18 倍。会聚光斑的强度增加得不多，产生损失的可能因素有三个：第一，一部分损失归因于从衬底背面的传输干涉；第二，一部分损失归因于蚀刻的光栅条的随机粗糙度；第三，大部分损失归因于立方体分束器。基于立方体分束器的原理，从光栅表面的反射光再次通过立方体分束器，使得所测量的反射光的强度比入射光减小 50%。由于图 4.20(b) 的数据是直接从 CCD 测量得到的，不能改变。因此实际的反射光的峰值强度应为原始测量数据的两倍。

为了便于与其他光电器件进行集成，这里制备了焦距为 400 μm 的高折射率差光栅结构。采用图 4.16 所示的实验系统测试该光栅结构的反射率。使用波长为 1550 nm、功率为 3.56 mW 的 TM 偏振光对整个光栅器件在 x 方向进行扫描，结果如图 4.21 所示。图 4.21 所示即为光栅在 x 方向不同位置的反射功率值。实验数据测试的结果表明，在 1550 nm 入射波长下，光栅器件在 x 方向的反射光功率呈高斯型变化，在光栅中间位置出现明显的峰值，因此，该光栅器件呈现出明显的会聚特性，焦点处的最高反射光功率达到 414 μW，半高全宽大约为 168 μm。通过积分求出其反射率为 80.4%。

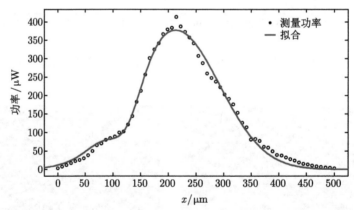

图 4.21 焦距为 400 μm 的条形高折射率差光栅会聚反射镜的测试结果

4.3 具有光束会聚功能的一维高折射率差光栅偏振分束器

在第 1 章中，介绍过不同类型的偏振分束器 [8-10]。本节提出了 TE 和 TM 两种偏振光同时透射并具有会聚特性的高折射率差光栅偏振分束器。这种结构需要满足两个条件：① 光栅对 TE 和 TM 偏振光都有很高的透射率；② 两种偏振光的相位分布呈不同的抛物线轮廓。

4.3.1 结构设计

本节设计的光束会聚型偏振分束器包括两层高折射率差光栅，如图 4.22 所示。上层是表面刻蚀的 SiO_2 的结构，实现偏振分束，折射率为 $n_2 =1.47$，空气折射率 $n_1 = 1$。下层是非周期高折射率差光栅结构实现光束透射会聚，光栅层为 Si，折射率 $n_r = 3.48$。该器件的主要工作原理：① TE 和 TM 的混合偏振光斜入射在上层光栅表面，将入射光分成 TE 和 TM 偏振光，TE 和 TM 波分别向左右两个对称的方向传播；② TE 和 TM 两个偏振光作为入射光经过下层的非周期亚波长高折射率差光栅，使各自光束会聚到两个不同的焦点处。因此这种器件的设计过程的关键在于上层光栅的高效偏振分束，以及下层光栅的左右两部分对 TE 和 TM 偏振波的各自会聚。

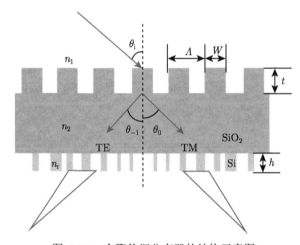

图 4.22　会聚偏振分束器的结构示意图

上层结构主要实现偏振分束，采用的是周期结构的光栅实现光束会聚。所以要找到合适的光栅周期 (Λ)、占空比 ($f = w/\Lambda$，w 为光栅条的宽度)、厚度 (t) 以及入射角度等这些参数。这里选择光栅周期 Λ 的值是 0.9 μm，光栅占空比为 0.45，光栅层厚度为 1.84 μm。波长为 1550 nm 的 TE 与 TM 混合偏振光斜入射至周期光栅表面，入射角为布拉格角，即 $\theta_i = \arcsin(\lambda/(2\Lambda)) = 58.91°$。此时，TM 偏振光几乎完全被衍射至 0 级，而 TE 偏振光则大部分被衍射至 -1 级。

根据光栅方程

$$n_2 \sin\theta_{d,m} = n_2 \sin\theta_i + m\frac{\lambda}{\Lambda}, \quad m = 0, \pm1, \pm2, \cdots \tag{4.13}$$

其中，$\theta_{d,m}$ 表示第 m 级衍射角，计算可以得到，TE 波和 TM 波的波矢方向与法线的夹角都为 35.63°。TE 偏振光在 −1 级的衍射效率为 93.12%，TM 偏振光在 0 级的衍射效率高达 99.61%。

下层结构主要是实现光束透射会聚作用。根据 4.2 节实现光束会聚的设计原理，实现了 TE 和 TM 偏振入射光透射会聚，具体设计方法与 4.2 节基本一致，这里不再详细介绍。当 TE 和 TM 偏振作为入射光时，一维非周期光栅的总宽度都设置为 15 µm，焦距为 20 µm。图 4.23(a) 给出了 TM 偏振光的各个光栅单元周期和占空比的详细参数，以及对应的相位分布情况。图 4.23(b) 给出了 TE 偏振光各个光栅单元周期和占空比的详细参数，以及对应的相位分布情况。图中蓝色圆点代表光栅条的周期，红色圆点表示占空比，黑色圆点表示光栅条对应的离

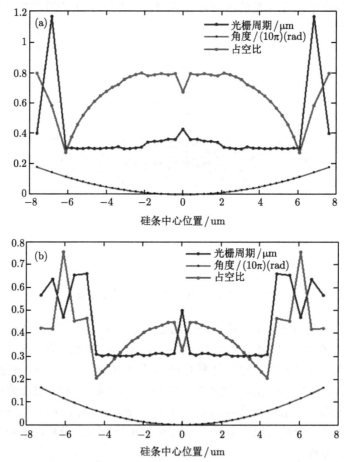

图 4.23　(a) TM 偏振光的各个光栅单元周期和占空比，以及对应的相位分布；(b) TE 偏振光的各个光栅单元周期和占空比，以及对应的相位分布

散相位,粉色曲线表示满足式 (4.4) 的理想连续相位分布。图中画出的相位是实际相位值除以 10π 之后的结果,这样方便相位和周期、占空比在同一张图中表示。从图中可以看出,离散相位的各点几乎全部位于连续相位的曲线上,这两种分布基本一致。

4.3.2 理论仿真

这里使用 COMSOL 仿真软件对会聚偏振分束器结构进行仿真,仿真结果如图 4.24 和图 4.25 所示,混合光束通过上层光栅分成 TM 和 TE 两种偏振光,然后经下层非周期光栅会聚到一点,实现了偏振会聚功能。图 4.24(a) 为 TM 偏振光入射时的电场分布,(b) 为焦点所在平面的一维电场强度分布。计算得到 TM 偏振波入射时的焦距为 18.06 μm,FWHM 约为 1.42 μm。图 4.25(a) 为 TE 偏振光入射时的电场分布,(b) 为焦点所在平面的一维电场强度分布。通过计算,TE 偏振波入射时的焦距为 16.83 μm,FWHM 约为 1.55 μm。仿真得到的焦距与设计的 20 μm 有小幅度的偏差。出现偏差的原因可能有两种:选出的相位值是离散的而不是严格的连续分布;光束倾斜传播的影响。

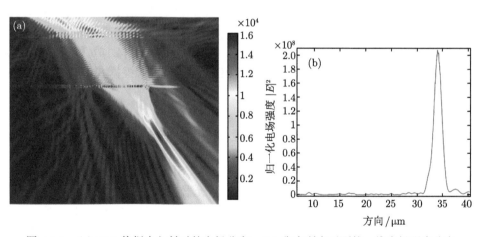

图 4.24 (a) TM 偏振光入射时的电场分布;(b) 焦点所在平面的一维电场强度分布

偏振分束器还有一个很重要的性能参数,即偏振消光比。消光比的定义 [11]:

$$\mathrm{ER} = \min\left(\mathrm{ER}^{\mathrm{TM}}, \mathrm{ER}^{\mathrm{TE}}\right) \tag{4.14}$$

其中,TM 波消光比为

$$\mathrm{ER}^{\mathrm{TM}} = 10\log_{10}\frac{T_{\mathrm{TM}}^{\mathrm{TE}}}{T_{\mathrm{TM}}^{\mathrm{TM}}} \tag{4.15}$$

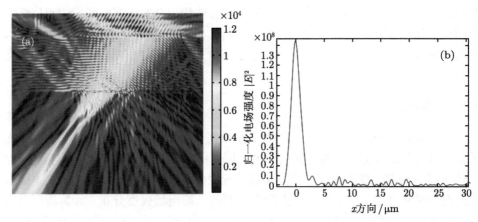

图 4.25   (a) TE 偏振光入射时的电场分布；(b) 焦点所在平面的一维电场强度分布

TE 波消光比为

$$ER^{TE} = 10 \log_{10} \frac{T_{TE}^{TE}}{T_{TE}^{TM}} \tag{4.16}$$

T_{TM}^{TM} 和 T_{TM}^{TE} 分别表示在 TM 输出端口的 TM 和 TE 偏振波的透射率，经计算，这两个数值分别为 93%、8.7%。T_{TE}^{TE} 和 T_{TE}^{TM} 分别表示在 TE 输出端口的 TE 和 TM 偏振波的透射率，它们分别为 78.3%、3.3%。根据式 (4.15) 和式 (4.16) 得到，TM 和 TE 的偏振消光比分别为 10.3 dB 和 13.8 dB。根据式 (4.14)，则偏振分束器的消光比为 10.3dB。

4.4   具有偏振稳定特性的一维高折射率差光栅偏振分束器

偏振稳定型高折射率差光栅结构可应用在 VCSEL 的谐振腔中，在使 850 nm TE 偏振光通过的同时阻挡 TM 光，最终使激光器实现了偏振稳定，本质上是一种偏振分束器，但是考虑到该结构的最终作用是提升 VCSEL 的性能，因此用偏振稳定型高折射率差光栅来命名。本节以严格耦合波法为理论基础设计所需的光栅结构，但是严格耦合波法计算步骤复杂，且建立并计算同时满足两个要求的等式方程时效率很低。根据光栅偏振敏感特性，当入射光偏振态不同时，严格耦合波法程序能得到不同的数据图，通过联立数据图能快速地找到需要的数据。

光栅的材料为硅，衬底材料为二氧化硅，通过优化结构参数，最终选择了光栅厚度 $h = 0.25\ \mu m$，入射光先后设置为 850 nm TM 和 TE 偏振光，得到了如图 4.26 所示的 TM 和 TE 光的透射率分布图。为了同时满足 TE 光高透射、TM 光高反射两个要求，需要在图 4.26 (a) 中寻找深蓝色的区域 (高反射区域)，同时在图 4.26(b) 中同样区域是深红色 (高透射区域)。观察图 4.26 中 D 点满足要求，该点在图 4.26 (a) 和 (b) 中分别处于深蓝色和深红色区域，利用该点横纵坐标对应的参数能设计出满足要求的光栅。

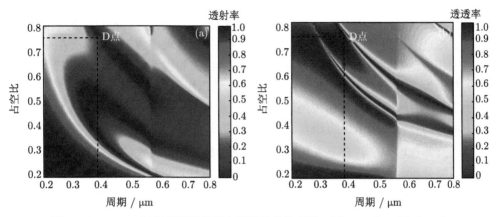

图 4.26　850nm 波长时不同偏振态的透射率分布图：(a) TM 光；(b) TE 光

由于对颜色与区域的识别精度有限，接下来需要编辑程序筛选出需要的数据，设计思路如图 4.27 所示。

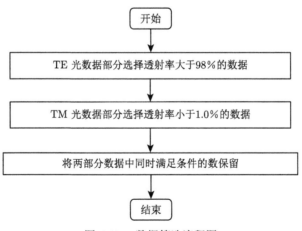

图 4.27　数据筛选流程图

图 4.26 里的 (a) 和 (b) 两幅图都是通过 200×200 个数据组合在一起形成的，相当于两个大数据组，分别对应 TM 光透射率和 TE 光透射率。首先需要对两个数据组内的数进行赋值以留有备份，在 TE 光数据组中筛选出符合透射率大于98% 的点，接着在 TM 光数据组部分选择符合透射率小于 1% 的点，从而满足高反射的要求。因为计算的光栅透射率满足 100% 或者 0% 的很少，所以这里筛选数

据时没有按照最高要求选择。在这两个数据组中，每一个数据组中单个点部分的取值范围是 0~1，根据取值范围在筛选参数时对不同要求的点赋予不同的值，即满足要求的数据保持不变，不满足要求的数据全部变成了数值 2。

经过筛选后，我们将两个数据组中相应的点做加法计算，根据和的取值范围进一步筛选，如果 TE 数据组某一个点的值不符合要求变成了 2，那么在 TM 数据组中相应位置的透射率即使为 0%，两者求出的和也不低于 2；若 TE 数据组中的数据为 1(最高透射率 100%)，相应 TM 数据组里的数据为 1%，两者相加的和小于 2，因此以数据 2 作为判断的标准。如果求出的和小于 2，那么该点就是文中需要的点，如果求出的和大于等于 2，那么这些数据将不满足需要。

经过筛选得到了符合要求的数据点，这些数值相应位置的点将被赋予原值以便于后续分析，不符合要求点的数据成为 −1，这样可以形成鲜明的对比，即使人眼发现不到的很小区域也不会遗漏。如图 4.28 所示是厚度 $h = 0.25\ \mu m$ 时对 TE 偏振光筛选后导出到表格的部分数据图，图 4.29 是对 TM 偏振光筛选后导出的相应数据图，其每个单元的数据对应着图 4.28 中相应的数据。对比图 4.28 和图 4.29 可以发现，满足 TE 高透射、TM 高反射的点聚集在一定的区域，这和周围值 −1 形成了鲜明对比，可以很准确与便捷地找出需要的数据。我们选择 BK195 点的值，其横坐标对应着光栅周期为 $0.40\ \mu m$，占空比为 0.4，其在 TE 光图中对应着透射率为 98.7%，TM 光透射率为 0.0007%，即使出现一定的制备误差，该点周围的结构也符合要求。

	BG	BH	BI	BJ	BK	BL	BM	BN	BO
185	-1	-1	-1	-1	-1	-1	-1	-1	-1
186	-1	-1	-1	-1	-1	-1	-1	-1	0.982893659
187	-1	-1	-1	-1	-1	-1	-1	0.983555528	0.983893053
188	-1	-1	-1	-1	-1	-1	-1	0.984498202	0.984817224
189	-1	-1	-1	-1	-1	-1	0.984951388	0.985366237	0.985674077
190	-1	-1	-1	-1	-1	0.985263704	0.985751962	0.986168053	0.986471081
191	-1	-1	-1	-1	-1	0.985987085	0.986486071	0.986911759	0.987215259
192	-1	-1	-1	-1	0.986083327	0.986642689	0.987162205	0.987605188	0.987913146
193	-1	-1	-1	0.986051484	0.986651268	0.987239194	0.987788679	0.988255911	-1
194	-1	-1	-1	0.986524025	0.987158013	0.987785151	0.988373687	0.988871218	-1
195	-1	-1	0.986272092	0.986932539	0.987612166	0.98828906	0.988925335	-1	-1
196	-1	-1	0.986575326	0.987285554	0.988022309	0.98875945	-1	-1	-1
197	-1	0.986097691	0.986819531	0.987591572	0.988397099	-1	-1	-1	-1
198	0.985509807	0.986226819	0.987013021	0.987859177	0.988745362	-1	-1	-1	-1
199	0.98551877	0.986301021	0.987164168	0.98809714	-1	-1	-1	-1	-1
200	0.985468299	0.986328373	0.987281516	-1	-1	-1	-1	-1	-1
201	0.985366125	0.986317084	0.987373908	-1	-1	-1	-1	-1	-1

图 4.28　TE 光数据筛选结果

在找到了需要的光栅结构参数以后，下一步在仿真软件 COMSOL 中建立模型验证。图 4.30 为仿真计算后的结果图，其中 (a) 为 TE 偏振光照射光栅的电场强度分布图，入射光从光栅底部照射，透射光出射端口具有很高的光能量分布，产生了高透射效果，透射率为 98.12%；(b) 为 TM 光照射光栅时的结果，可以看出，从底部入射的光实现了高反射，反射率为 99.42%。

	BG	BH	BI	BJ	BK	BL	BM	BN	BO
187	-1	-1	-1	-1	-1	-1	-1	0.008729488	0.00313102
188	-1	-1	-1	-1	-1	-1	-1	0.004618584	0.00089026
189	-1	-1	-1	-1	-1	-1	0.006538105	0.001733675	8.99389E-0
190	-1	-1	-1	-1	-1	0.008971509	0.002955215	0.000211512	0.00059862
191	-1	-1	-1	-1	-1	0.00463534	0.000731043	0.000175024	0.00275178
192	-1	-1	-1	-1	0.006867777	0.001644951	1.04993E-06	0.001728921	0.00653871
193	-1	-1	-1	0.00976007	0.003044504	0.000149466	0.000883705	0.004956113	-
194	-1	-1	-1	0.005035706	0.000707329	0.000282935	0.003476783	0.009915142	-
195	-1	-1	0.007739778	0.001777091	7.76033E-06	0.002160378	0.007854438	-	-
196	-1	-1	0.003477506	0.00015504	0.001080518	0.005874307	-1	-1	-
197	-1	0.005944434	0.000838495	0.000326279	0.004039287	-1	-1	-1	-
198	0.009331569	0.002190529	3.91817E-06	0.002428579	0.008972506	-1	-1	-1	-
199	0.004363523	0.000238983	0.001138109	0.006574784	-1	-1	-1	-1	-
200	0.001178909	0.000283255	0.004381368	-1	-1	-1	-1	-1	-
201	2.35855E-06	0.002494009	0.009842264	-1	-1	-1	-1	-1	-

图 4.29 TM 光数据筛选结果

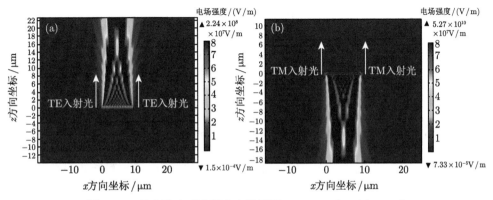

图 4.30 偏振稳定型光栅仿真结果图: (a) TE 光; (b)TM 光

对于同时满足 850nm TM 光高透射、TE 光高反射型的结构, 由于其满足要求的区域较少且小, 增加了设计难度。经过优化, 最终在光栅厚度为 0.15 μm、衬底厚度为 0.5 μm 时找到了需要的点, 其中光栅周期为 0.4 μm, 占空比为 0.5, 此时对 TM 光透射率为 99.16%, 对 TE 光透射率为 0.001%。

偏振稳定型高折射率差光栅的设计方法具有重要的价值且能满足不同光波长的需要, 若光栅材料发生改变或者光栅周围材料发生改变, 都能通过上述设计过程快捷地找到需要的结构。这也为偏振不敏感型高折射率差光栅平面高透镜或者高反镜的设计提供了准确便捷的实现方法。

4.5 具有光束偏转功能的一维高折射率差光栅偏振分束器

4.5.1 器件总体结构模型

图 4.31 是通过上下双层高折射率差光栅设计的偏振分束器总体结构图。图 4.31 中混合偏振光以布拉格角 θ_i 倾斜照射器件的上层光栅结构, 可以让两

类偏振光分别在不同方向上获得极大的衍射效率进而实现了分离，即 TE 光主要朝 -1 级方向 (即左下方向) 传输，TM 光则主要朝 0 级方向 (即右下方向) 传播，对于其他的衍射级，虽然也存在光能量但是很微弱。两类偏振光传播到衬底底部时，因为非周期高折射率差光栅的作用改变了传播方向，最终垂直于端面出射。

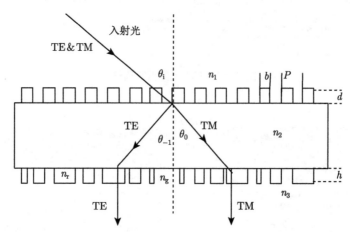

图 4.31　具有光束偏转功能的高折射率差光栅偏振分束器总体结构图 [12]

图 4.31 中，n_1 表示光入射区域材料的折射率值，n_3 表示衬底底层透射区域材料的折射率值。器件上层结构部分包括周期型高折射率差光栅与衬底，其中光栅条和衬底部分使用的是同一种材料，折射率值都是 n_2；P 对应上层光栅每个单元的宽度值即为周期，b 对应光栅条的宽度值、d 对应光栅厚度值。器件下层是能改变光传播方向的结构，n_g 表示下层结构中空气槽的折射率，n_r 表示光栅条的折射率，这里的材料不同于上层光栅条和衬底部分的材料，h 表示下层非周期光栅厚度，光栅占空比用 f 表示。

4.5.2　器件上层结构的设计

在清楚了图 4.31 中器件的总体结构后，需要先设计出光开始照射的上层结构部分，根据上层光栅的工作效果为下层结构的设计提供指引。图 4.31 中的布拉格角 θ_i 表示为

$$\theta_i = \arcsin\left(\frac{\lambda}{2P}\right) \tag{4.17}$$

这里，λ 是入射光波长；P 是图 4.31 中上层光栅的周期。把式 (4.17) 中的布拉格角 θ_i 代入光栅方程：

$$n_2 \sin\theta_m = n_1 \sin\theta_i + m\frac{\lambda}{P}, \quad m = 0, \pm1, \pm2, \cdots \tag{4.18}$$

这里, θ_m 指的是第 m 级衍射角; P 表示图 4.31 中上层光栅的周期, 能推出图 4.31 中衍射后的两束偏振光的传播方向关于中间虚线对称 [13]。确定了工作原理后需要找出合适的结构参数, 通过查阅相关文献可以确定光入射介质折射率 $n_1 = 1$, 光栅材料折射率 $n_2 = 1.47$, 入射光是将 TE 与 TM 混合在一起的光束, 波长为 1550 nm, 接着通过优化光栅结构参数, 最终选择光栅周期 $P = 900$ nm, 光栅条宽度为 405 nm, 光栅的厚度 $d = 1.84$ μm, 将光栅周期和波长代入式 (4.17) 能够求出布拉格角为 58.91°, 再依据式 (4.18) 可以计算出分开的两束偏振光和法线的夹角为 35.63°, 且分别朝左下与右下方向传输。TM 光主要朝 0 级方向传输, 穿过器件的效率达到了 98.61%。TE 光主要朝 −1 级方向传播, 穿过器件的效率达到了 93.12%。设计的周期型高折射率差光栅可以直接在二氧化硅的上表面刻蚀。

上层结构分开的偏振光在初始的一定传播距离内存在相互交叉现象, 此时下层光栅无法有效地控制光的传播路径, 应该让光在二氧化硅衬底中传播一定距离后再设置非周期光栅, 因此上层衬底结构的厚度不能太薄, 设置为 13.16μm 比较合适。

通过在有限元仿真软件 COMSOL 中建立模型, 能对上层周期型高折射率差光栅结构的偏振分束效果进行验证。由于 COMSOL 中的光源端口仅能单独设置 TE 或者 TM 光, 所以这里单独使用波长为 1550 nm 的 TE 与 TM 两种单偏振态的光依次照射设计的高折射率差光栅结构, 先后得到了两种偏振光照射光栅时的电场强度分布图, 如图 4.32 中的 (a), (b) 两图所示。根据图 4.32 可以看出, 不同偏振态的入射光经过光栅区域后有不同的传播方向, 能让混合在一起的偏振光实现分离。

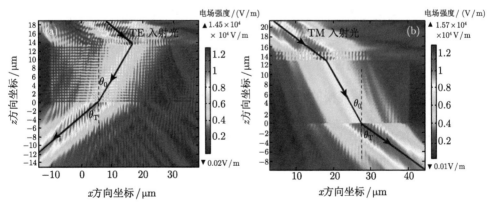

图 4.32　器件上层结构在不同偏振光照射时的仿真图: (a)TE 光; (b)TM 光

实现上层的偏振分束功能后, 接下来需要在两种偏振光的传播方向上添加可实现光束偏转的非周期高折射率差光栅。根据图 4.32 可以看出, 不论是 TE 偏振光还是 TM 偏振光，都在衬底部分发生了光的折射，且具有大小相等的透射角，因为本节中需要获得垂直于光出射端面的单偏振光，应该确定光需要偏转的角度数。根据 TM 偏振光到达衬底底部的传播路径，可以按照如图 4.33 所示的 TM 光在边界处路径简图进行分析，其中的出射角度可以按照折射率公式计算，即

$$n_2 \cdot \sin\theta_0 = n_3 \cdot \sin\theta_T \tag{4.19}$$

其中，θ_0 表示衬底底部的入射角，其大小为 $35.63°$；n_2 表示衬底材料的折射率，是 1.47；n_3 表示透射区域材料的折射率值，是 1；θ_T 表示衬底底部区域的透射角，通过公式计算为 $58.91°$。

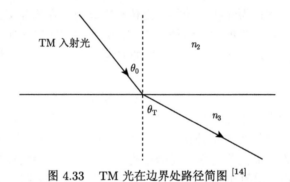

图 4.33　TM 光在边界处路径简图 [14]

我们首先将二氧化硅衬底底层处 TM 光的入射角作为下层光栅需要的偏转角度，即 $\theta_0 = 35.63°$，但是在仿真时发现出射光不垂直于端面，接下来把透射角 θ_T 作为下层光栅需要的偏转角度，从而获得了垂直于光端面的出射光，同理，在 TE 光部分偏转角度也是 $58.91°$。

4.5.3　器件下层结构的设计

本节以高折射率差光栅的相位调控原理为理论基础，进一步设计了一种具有光束偏转型偏振分束器。

图 4.34 是高折射率差光栅光束偏转原理图，总宽度为 M，其中光栅的整体相位满足线性分布。透射光的相位表述为

$$\Phi(x) = \alpha_x \tag{4.20}$$

其中，α_x 为比例系数，单位为 rad/m；x 表示光栅从左到右相应位置的坐标，且在分析时最左侧设置为 0；$\Phi(x_0)$ 是图 4.34 中最左边光栅条对应的相位值，也称初始相位。

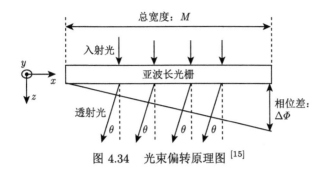

图 4.34 光束偏转原理图 [15]

因为本节设计光栅时选择的初始相位为 $\Phi(x_0) = 0$，因此式 (4.20) 表示为

$$\Phi(x) = a_x \tag{4.21}$$

当 z 轴方向上坐标固定时，透射面上的相位与变量 z 无关，表述为

$$\Phi(x) = k_0 \cdot x \sin\theta + c \tag{4.22}$$

其中，θ 是出射光和 z 轴正方向的角度；k_0 是光在真空环境中的传播常数，利用数值 2π 和真空中波长 λ_0 的比值求得，将式 (4.22) 求微分能计算出

$$\Phi'(x) = k_0 \cdot \sin\theta \tag{4.23}$$

根据式 (4.21) 和式 (4.23) 构建等式可以得出

$$a_x = k_0 \cdot \sin\theta \tag{4.24}$$

根据式 (4.24) 所求结果可以计算出偏转的角度为

$$\theta = \arcsin(a_x/k_0) \tag{4.25}$$

在图 4.34 中，光栅最左端的初始相位值为 0，最右端的相位值为 $\Phi(x_0)$，此时光栅两端形成了相位差，根据最右端相位值减去最左端相位值可以求出，用 $\Delta\Phi$ 表示；且图 4.34 中光栅总宽度为 M，因此可以进一步推出偏转角度为

$$\theta = \arcsin[(\Delta\Phi/M) \cdot k_0] \tag{4.26}$$

此时光需要的偏转角度与光栅总宽度建立了联系，通过确定两端的相位进而逐步确定每个光栅单元的相位值，进而筛选出需要的结构参数。这种设计光栅的方法可以应用于光倾斜入射的情况 [16,17]，比如本节下层结构使用的光栅。

在清楚了非周期高折射率差光栅的设计原理后，还需要重新确认光栅的材料以及入射光的状态，此处光入射区域材料不是空气而是二氧化硅；光栅条部分的

材料变成硅, 且每个矩形条间通过空气填充, 出光部分材料是空气; 入射光的波长
仍旧是 1550 nm, 但是入射角度成了 35.63°, 需要在相应位置做出合理设计; 经过
对比分析, 这里选择 0.83 μm 作为光栅厚度。在 MATLAB 程序中运算有关数据参
数得到了如图 4.35 所示的结果图, 两幅图中的横坐标都表示周期, 纵坐标都表示
占空比, (a) 的颜色表示光栅透射率, (b) 的颜色表示相位。联系图 4.35(a) 和 (b),
(a) 里高透射率的区域对应的相位范围是 $-\pi \sim \pi$ 弧度, 且经过 MATLAB 程序验
证可以满足高透射率区域相位连续的要求。接下来需要根据光的偏转角度设计非
周期高折射率差光栅, 不同的偏转角度分别对应不同的光栅结构, 即 $\theta_T = 58.91°$
和 $\theta_0 = 35.63°$, 由于两种角度设计方法相同, 所以这里仅介绍偏转角度为 58.91°
时的设计过程。

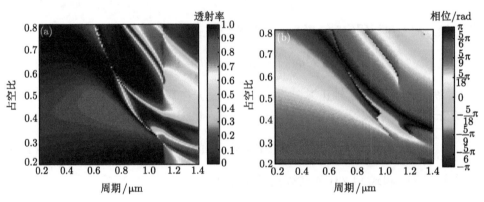

图 4.35　TM 光入射, 厚度为 0.83μm 时光栅的 (a) 透射率分布图和 (b) 相位分布图

在图 4.35(a) 中先筛选出符合高透射率的参数, 接着在图 4.35(b) 里挑选出
对应的相位值。根据设计的结构在挑选的相位值里选择参数, 这些参数对应的光
栅单元从左到右排列后能够得到整体呈现线性相位分布的结构, 也就是需要设计
的非周期高折射率差光栅。在 TM 偏振光传播路径上安置的光栅结构总宽度为
22.374 μm, 一共有 90 个光栅单元, 光栅左右两端总的相位差是 52.84 rad。运行
程序选出所有的光栅单元后, 能得到如图 4.36 所示相位和光栅宽度的关系图, 其
中仅仅展示了相位在光栅宽度为 0 ~ 6 μm 范围变化的状态, 这有利于清楚地展
示光栅单元的线性分布。图 4.36 里的每个黑点对应一个光栅单元, 经过从左到右
排列后整体符合线性相位要求。

对于使 TE 光偏转的高折射率差光栅结构, 也是按照 TM 光的思路设计, 这
里经过分析优化不同厚度光栅, 最终将 TE 光入射部分光栅厚度设定为 0.99 μm,
其对应的周期型高折射率差光栅透射率和相位的关系如图 4.37 中的 (a) 和 (b) 所
示。联系图 4.37(a) 和 (b), 图 (a) 高透射率的区域对应的相位范围是 $-\pi \sim \pi$ 弧

度，能够满足高透射率区域相位连续的要求。

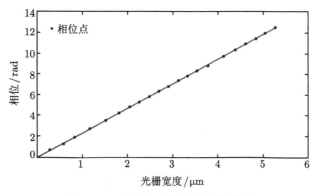

图 4.36 相位和光栅宽度的关系图

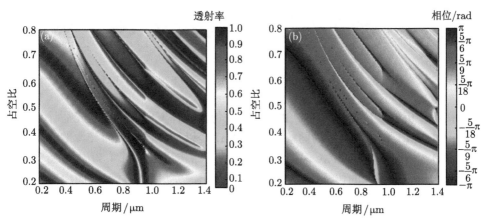

图 4.37 TE 光入射，厚度为 0.99 μm 时周期型高折射率差光栅 (a) 透射率和 (b) 相位与周期、占空比关系图

根据图 4.37 筛选的参数能够得到使入射光偏转 58.91° 的光栅结构，最后在 TE 偏振光传播路径上安置的光栅结构总宽度是 22 μm，一共有 85 个光栅单元，光栅左右两端总的相位差是 52.84 rad。在分别完成了能使 TM 与 TE 偏振光偏转的一维非周期高折射率差光栅的结构后，接着把两个光栅设置在二氧化硅衬底下表面左右两侧，左侧光栅能使 TE 光实现偏转，右侧光栅能使 TM 偏振光实现偏转。

4.5.4 整体结构的仿真与分析

本节使用软件 COMSOL 对设计的结构进行仿真建模验证，为了避免仿真时光束在边界处产生反射干涉以至于影响计算精确度，需要设置完美匹配层。在前面介绍的设计过程中提到了两个需要通过光栅实现的偏转角度，即 58.91° 和 35.63°。为了清晰体现不同角度设计后的差异，需要分别仿真根据这两个角度设计的结构。首先介绍角度为 35.63° 的情况，通过在 COMSOL 中计算先后得到如图 4.38(a) 和 (b) 所示的两幅图。图 4.38(a) 中显示了以 TE 偏振光为光源的光路传播图，图 4.38(b) 则显示了以 TM 偏振光为光源的光路传播图，在图 4.38 中利用带箭头的黑色实线指示了 TE 与 TM 光的传播路径，能明显看出，这两种偏振光都没有垂直于光栅端面出射。

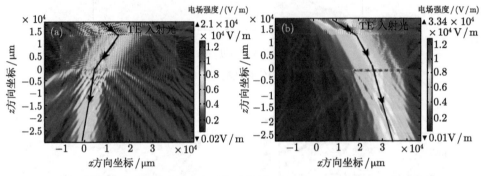

图 4.38　角度为 35.63° 时的结果图: (a) TE 光; (b) TM 光

接着分析偏转角度为 58.91° 的情况，在仿真软件 COMSOL 中先后计算得到了如图 4.39(a) 和 (b) 所示的两幅图，4.39(a) 是以 TE 偏振光为光源的光路传播图，图 4.39 (b) 中是以 TM 偏振光为光源的光路传播图。图 4.39 中带箭头的黑色实线指示了偏振光的传播路径，可以明显看出，光最后垂直于端面出射。

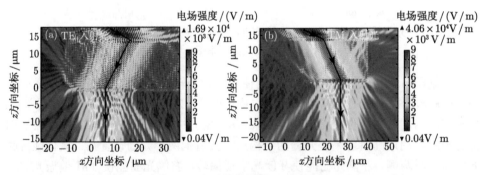

图 4.39　角度为 58.91° 时的结果图: (a) TE 光; (b) TM 光

在 COMSOL 中设计的模型衬底底部对应 z 轴 0 μm 位置，接下来将分别测试 z 轴坐标 −20 μm、−30 μm、−40 μm、−50 μm 处端面的电场强度值，能获得如图 4.38 所示在不同位置的电场强度分布图，图 4.40 (a) 对应 TE 光，图 4.40

(b) 对应 TM 光。在图 4.38 中随着测量距离变远，电场强度的峰值区域基本没有偏离加粗的虚线，从而可以进一步验证两类偏振光都垂直于端面出射。

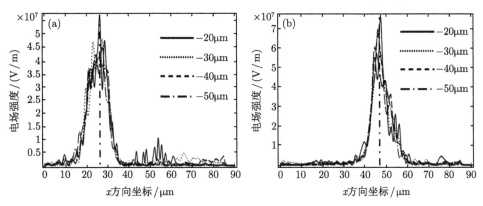

图 4.40 z 轴不同位置处的电场强度：(a) TE 光；(b) TM 光

偏振分束器的性能通过偏振消光比进行衡量，TM 光的偏振消光比 (polarization extinction ratio) 公式为

$$\mathrm{PER}^{\mathrm{TM}} = 10 \log_{10} \left(\frac{T_{\mathrm{TM}}^{\mathrm{TM}}}{T_{\mathrm{TM}}^{\mathrm{TE}}} \right) \tag{4.27}$$

TE 光的偏振消光比公式为

$$\mathrm{PER}^{\mathrm{TE}} = 10 \log_{10} \left(\frac{T_{\mathrm{TE}}^{\mathrm{TE}}}{T_{\mathrm{TE}}^{\mathrm{TM}}} \right) \tag{4.28}$$

这里，$T_{\mathrm{TM}}^{\mathrm{TM}}$ 表示只有 TM 光入射时，在 TM 出光端口处的透射率，$T_{\mathrm{TM}}^{\mathrm{TE}}$ 指的是只有 TE 光照射时，在 TM 出光口处的透射率。利用仿真软件 COMSOL 可以计算得出 $T_{\mathrm{TM}}^{\mathrm{TM}}$ 的值为 82.0%，$T_{\mathrm{TM}}^{\mathrm{TE}}$ 的值为 3.3%，根据式 (4.27) 计算得到偏振消光比为 14.0 dB；对于 $T_{\mathrm{TE}}^{\mathrm{TM}}$ 和 $T_{\mathrm{TE}}^{\mathrm{TE}}$ 都需要在 TE 出光端口测量得到，只有 TM 光照射时 $T_{\mathrm{TE}}^{\mathrm{TM}}$ 的值为 2.6%，只有 TE 光照射时 $T_{\mathrm{TE}}^{\mathrm{TE}}$ 的值为 76.5%，代入式 (4.28) 中求出偏振消光比是 14.7 dB。偏振分束器的性能根据 $\mathrm{PER}^{\mathrm{TM}}$ 和 $\mathrm{PER}^{\mathrm{TE}}$ 里的最小值判断，是 14.0 dB。

4.6   具有透射会聚功能的一维高折射率差光栅功率分束器

本节介绍光束会聚型高折射率差光栅功率分束器[18]，这种器件具有结构简单、方便制备的特点，且单层光栅结构有益于减少能量损耗，经过光栅后的每束光都以会聚的形式实现分离，能有效地降低和其他光器件耦合的难度，有望进一步完善光通信系统。

4.6.1 透射会聚型光栅 1 × 4 功率分束器设计

图 4.41 为透射会聚型高折射率差光栅 1 × 4 功率分束器原理简图，该功率分束器能实现四路均匀分光，会聚焦距为 30 µm，该结构可以设置在光源端口处，其会聚特性能有效地提升光源与接收端的耦合效率。在图 4.41 中可知，该器件包括四个完全相同的高折射率差光栅结构，为了方便区分，依次用 A、B、C、D 作标注，根据之前的理论只设计出其中的光栅 A 即可。

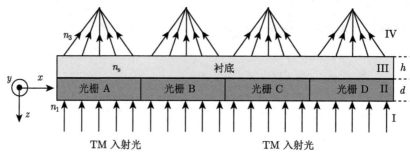

图 4.41   透射会聚型高折射率差光栅 1 × 4 功率分束器原理简图 [7]

对于透射会聚型高折射率差光栅的设计，首先要确定光栅的材料，接着利用严格耦合波法计算得到波长为 1550 nm 的 TM 偏振光照射时不同周期型高折射率差光栅的衍射效率。根据 TM 光设计透射型高折射率差光栅相对容易成功，选择的每个光栅厚度都能满足设计的需要，且通过仿真软件 COMSOL 可以验证实现了透射会聚。经过对比分析，这里选择光栅厚度为 0.86 µm，其在 MATLAB 程序中运算的结果如图 4.42 所示。图 4.42 中横坐标都表示周期，纵坐标都表示占空比，图 (a) 的颜色代表光栅的透射率，图 (b) 的颜色代表相位。联系图 4.42 (a) 和 (b)，图 (a) 里高透射率的区域对应的相位范围为 $-\pi \sim \pi$ 弧度，且经过程序验证可以满足高透射率区域相位连续的要求。

在实际设计会聚光栅结构的过程中只考虑筛选出 $x = x_0 > 0$ 部分的数据即可，当排列好所有的数据后，再根据 $x = x_0 = 0$ 作轴对称即可得到本节所需要的光栅。从 $x = x_0 = 0$ 位置处的光栅条开始向右选择数据，通过在 MATLAB 中编程以准确高效地选择出需要的光栅参数，最终筛选出的所有单元宽度总和为 22.332 µm，一共有 90 个光栅单元。运行程序选出所有的光栅单元后，能得到如图 4.43 所示相位和光栅宽度的关系图。图 4.43 中仅仅展示了相位在光栅左边和右边部分各自 13 µm 范围内的分布关系，这有利于清楚地展示所有光栅单元整体的分布状态。图 4.43 里的每个黑点对应一个光栅单元，都关于 $x = x_0 = 0$ 对称分布，整体符合光束会聚所需的抛物线型相位要求。最后按照图 4.43 中的相位分布关系将相应的光栅单元安置在对应位置。

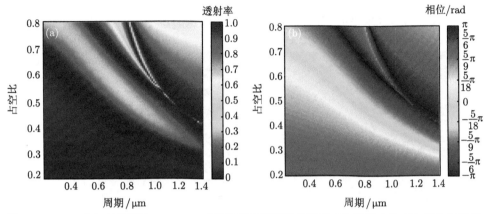

图 4.42 TM 光入射厚度为 0.86 μm 时周期型高折射率差光栅 (a) 透射率和 (b) 相位与周期、占空比关系图

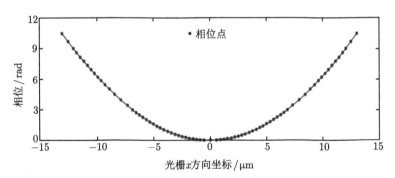

图 4.43 透射会聚型光栅相位设计图

4.6.2 仿真与分析

本节使用软件 COMSOL 对设计的结构进行仿真建模验证，同时为了保证计算精确度，在边缘位置设置了完美匹配层。首先验证单个会聚光栅的效果，经过计算得到了如图 4.44 所示的电场强度分布图，图中显示，z 轴 30 μm 处呈现深红色，能实现会聚，经过测量，焦距是 29.85 μm，透射率是 92.67%。

其他三个结构与光栅 A 完全相同，因此需要建立四个光栅 A 模型，然后将这四个结构连接在一起。通过仿真软件 COMSOL 计算得到了如图 4.45 所示的 TM 偏振光垂直入射功率分束器时的电场强度分布图，能明显看出，这种器件可以使一束入射光分离成为四部分。接下来算出 A、B、C、D 四个端口的透射率依次是 23.168%、23.170%、23.169%、23.167%，数值大小基本相等，实现了均匀分光。利用拼接方法能继续设计六路以及更多路的分光。虽然在仿真过程中该 1×4 功率分束器是通过拼接法设计的，但是在实际制备过程中可以在硅片上直接刻蚀出整个功率分束器的结构，每部分是紧密连接的。

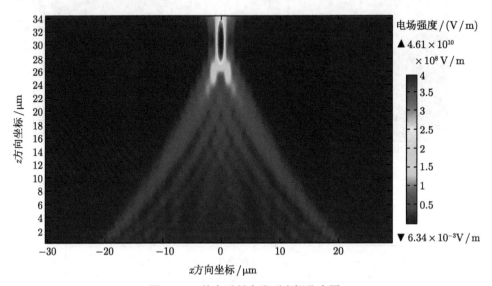

图 4.44　单个透射会聚型光栅仿真图

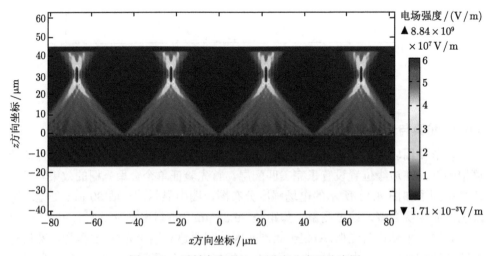

图 4.45　透射会聚型 1×4 功率分束器仿真图

设计的功率分束器在一定范围波长的入射光照射下也能保持较高透射率，比如，用波长为 1.45~1.65 μm 范围的光分别照射功率分束器，经过统计得到了如图 4.46 所示透射率与光波长的关系图。在图 4.46 中，功率分束器在波长 1.49~1.64 μm 范围内的透射率高于 85%，具备宽带宽特性。

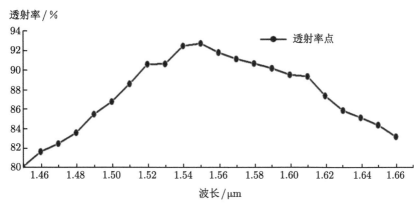

图 4.46 功率分束器在不同波长照射时的透射率分布图

4.7 反射会聚型高折射率差光栅 1 × 4 功率分束器设计与仿真

在探测器底部添加高折射率差光栅反射镜能增加器件的量子效率，其原理是，当光垂直通过探测器吸收层后，没有被吸收的光经底部反射镜重新反射到吸收层，实现了再次吸收，从而提升了光探测器的量子效率且能保持高响应带宽。在探测器底部使用反射会聚类型的光栅可以使得聚焦光束斜进入器件以降低散射损耗，能更有效地提升量子效率。随着高速光通信网络的发展，单一的光探测器已经无法满足高速、大容量网络的需求，因此由多个探测器排列组成的阵列结构应运而生 [19]。为了能提升探测器阵列的工作效率，本节提出了反射会聚型高折射率差光栅 1×4 功率分束器，其工作原理如图 4.47 所示。图 4.47 中的结构能将一束光分成四束功率相等的光，且都能实现会聚，焦距为 $F_x =25$ μm。器件中包括四个结构完全相同但是排列方式不同的反射会聚型光栅，分别用 I、II、III、IV 标注光栅每个子区域，依据光束会聚理论只设计出其中的一个光栅子区域即可。

4.7.1 反射会聚型光栅 1 × 4 功率分束器设计

根据高折射率差光栅波前相位控制原理，本节选择光栅的材料同样使用 SOI 晶片，光栅层为硅层 320 nm，中间氧化层 SiO_2 为 500 nm，折射率分别为 3.47 和 1.47。首先利用严格耦合波法计算得到了波长为 1550 nm 的 TM 偏振光对于不同周期光栅的反射率和相位。图 4.48 所示为周期高折射率差光栅在不同周期、占空比的反射率和相位分布，图 (a) 为光栅的反射率，图 (b) 为相位图。从图 4.48

可以看出，在高反射率的区域选择的反射光的相位能够覆盖 $0 \sim 2\pi$ 区间的全部范围，然后依次选择每个光栅条，使得相邻光栅条的相位满足公式 (4.12)。

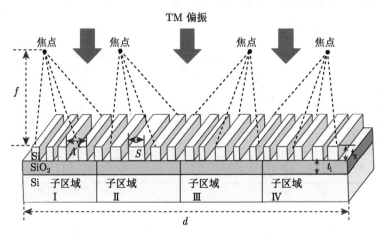

图 4.47　反射会聚型 1×4 功率分束器结构

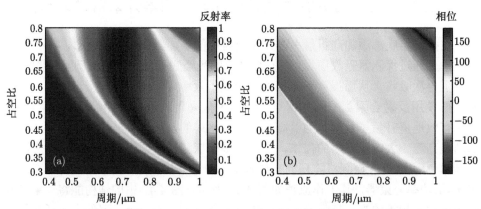

图 4.48　TM 光入射，厚度为 0.34 µm 时周期型高折射率差光栅 (a) 反射率和 (b) 相位与周期、占空比关系图

　　本节设计的分束器的会聚焦距为 25 µm，先通过图 4.48(a) 选出所有高反射率点，再依据图 4.48(b) 里相应的相位选择符合抛物线型分布的值，经过排列最终得到可以实现光束反射会聚的非周期高折射率差光栅，其整体的相位分布如图 4.49 所示，每个光栅子区域相位能够呈现出抛物线形状，满足功分器的相位公式 (4.29)。在 COMSOL 中首先给出了单个反射会聚型光栅结构仿真验证，得到了如图 4.50 所示的电场强度分布图。入射光从上部照射光栅结构，能够实现反射会聚。

$$
\begin{cases}
\Phi(x) = \dfrac{2\pi}{\lambda}\left(\sqrt{x^2+f^2}-f\right)+\Phi_0, & \dfrac{d}{2} > x > 0 \qquad\qquad (\text{区域 IV}) \\[2ex]
\Phi(x) = \dfrac{2\pi}{\lambda}\left(\sqrt{\left(x-\dfrac{d}{2}\right)^2+f^2}-f\right)+\Phi_0, & d > x > \dfrac{d}{2} \qquad (\text{区域 III}) \\[2ex]
\Phi(x) = \dfrac{2\pi}{\lambda}\left(\sqrt{x^2+f^2}-f\right)+\Phi_0, & 0 > x > -\dfrac{d}{2} \qquad (\text{区域 II}) \\[2ex]
\&\Phi(x) = \dfrac{2\pi}{\lambda}\left(\sqrt{\left(x+\dfrac{d}{2}\right)+f^2}-f\right)+\Phi_0, & -\dfrac{d}{2} > x > -d \quad (\text{区域 I})
\end{cases}
\tag{4.29}
$$

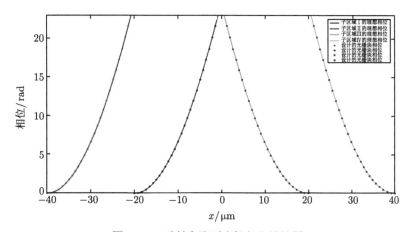

图 4.49 反射会聚型光栅相位设计图

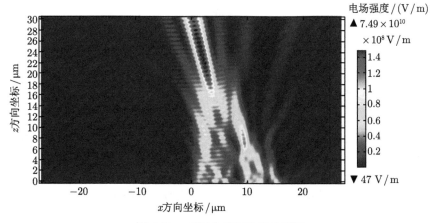

图 4.50 反射会聚型光栅仿真图

4.7.2　仿真与分析

在 TM 偏振光垂直照射下，得到整个反射会聚型高折射率差光栅 1×4 功率分束器的电场强度分布如图 4.51 所示。图 4.51(a) 表示整个光栅结构的仿真域，完美匹配层 (PML) 用于对开放边界进行建模，因为它完全吸收了非常低 (理想情况下为零) 透射率的任何入射波，并且使用散射边界条件来避免反射干扰。图 4.51(b) 表示电场强度分布，计算得到其光束焦距为 25.1 μm，与设计值基本一致。经计算得到总体反射率为 92.48%，然后分别在光栅子区域 I、II、III、IV 四端设置线积分，每个光栅子区域的反射率分别为 23.04%、23.23%、23.11% 和 22.7%，数值大小接近相等，可以满足四路均匀分光。由于波前相位采样，光栅子区域的反射率的总和略小于整体功分器总反射率。图 4.51(b) 为 x 方向上的电场强度曲线图，可以看出 4 个光束的分束基本一致。

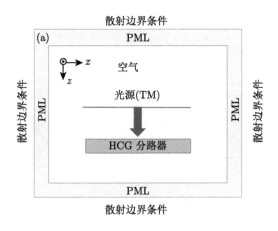

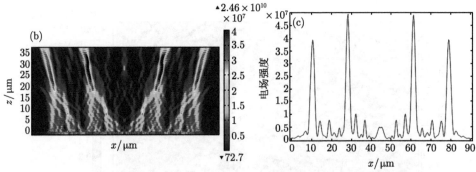

图 4.51　反射会聚型高折射率差光栅 1×4 功率分束器仿真图：(a) 整个结构的仿真域；
(b) 电场分布；(c) 归一化 x 方向的电场强度曲线

4.7.3 反射型功分器的制备

前面章节已经介绍了关于光束会聚型 HCG 1×4 功率分束器的设计过程以及仿真结果,接下来将通过刻蚀硅晶片获得需要的结构。晶片有上中下三层结构:顶层 (也即上层) 是 320 nm 厚的硅,也就是在这一层刻蚀需要的结构;中间是 500 nm 厚的二氧化硅,是设计光栅时的衬底结构;底层 (也即下层) 的材料为硅,是绝缘衬底。根据已有的硅晶片结构以及不同厚度光栅的仿真结果,这里设计了一种反射会聚型 HCG 1×4 功率分束器版图,总规格为 500 μm×500 μm,每个会聚光栅的焦距为 150 μm,中间距离为 100 μm,共有 680 个光栅单元。该结构主要使用电子束曝光和电感耦合等离子体刻蚀等方法来制备。图 4.52 为光栅功分器结构的扫描电子显微镜图以及局部的扫描电子显微镜图。在扫描电子显微镜图中,由于结构中相位差,所以光栅条呈现的色彩不同。

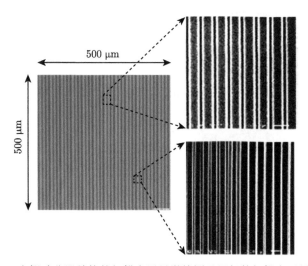

图 4.52　光栅功分器结构的扫描电子显微镜图及局部的扫描电子显微镜图

4.7.4 实验测试与分析

按照图 4.53 所示的装置测试制备出的光栅结构。测试系统的光源部分采用调谐激光器,经偏振控制器后能输出 TM 光然后再经历功率放大,以便于在接收端更为清晰地显示出分光。图 4.53 中的光纤准直器能有效地集中光的能量进而减少损耗,其右边的器件是立体分束器,该器件端面与入射光成 45° 角,有 50% 的入射光实现了透射并向右传播到达光栅,其余 50% 实现了反射然后朝正上方向传播。在实际搭建系统时,考虑到晶片的总面积远大于光栅区域,需要提升入射光与光栅区域的对准效果,在光栅区域的一定范围以外覆盖了黑色胶带,当光照在黑色区域时接收端反应很微弱,当光源对准时接收端将出现较强的反应,从而减小了对准难度。接收端将分别使用两种光学仪器：一种是光束质量分析仪，该仪器能测量光的饱和度，这里入射光是波长为 1550 nm 的 TM 光，该波长的光能量比例最高；另一种是光功率计，能测量到达光接收端的能量。

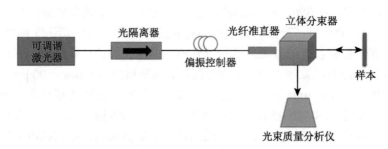

图 4.53　功率分束器测试装置

根据图 4.53 中的测试装置，得到了功率分束器的光场分布图，如图 4.54 所示。

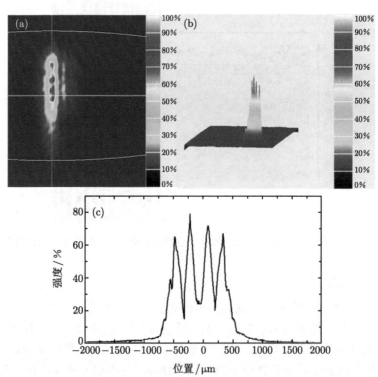

图 4.54　光束质量分析仪的测试结果：(a) 二维光场强度分布；(b) 三维光场强度分布；
(c) 光场强度曲线

图 4.54 为高折射率差光栅的反射面与 CCD 之间距离为 160 μm 的实验结果。图 4.54(a) 显示了高折射率差光栅分束器的强度分布，很明显可以看到，光束

可以被分开并聚焦在四个不同的光束上，并且每个光束的半高全宽 (FWHM) 通过计算分别约为 121.53 μm、117.38 μm、118.73 μm 和 122.16 μm。图 4.54(b) 和图 4.54(c) 示出了三维强度分布和强度分布曲线。从这两个图中计算出四束光的强度之比为 0.82 : 1 : 0.91 : 0.85，基本上功率均衡，并且在 x 方向上每束光之间的距离分别约为 95.51 μm、146.27 μm 和 96.42 μm，对应于图 4.51(c)。经实验测试，其焦距非常接近于设计值 150 μm，且每束光束之间的距离基本与设计值 100 μm 一致。最后，通过测量，总反射率为 64.6%。光束轮廓将不是精确的高斯分布，并且理论值与测量值之间的差异可能是由光栅的周期以及由设计引入的一些其他不确定性或所测量焦平面的不准确性引起的。该结构所产生的损耗归因于从衬底背面界面的透射，以及由蚀刻的硅条的随机粗糙度而造成的分散。

参 考 文 献

[1] Carletti L, Malureanu R, Mørk J, et al. High-index –contrast grating reflector with beam steering ability for the transmitted beam [J]. Opt. Express, 2011, 19(23): 23567-23572.

[2] Ren X M, Campbell J C. Theory and simulations of tunable two-mirror and three-mirror resonant-cavity photodetectors with a built-in liquid-crystal layer[J]. IEEE, J. Quantum Elect., 1996, 32(11): 1903-1915.

[3] Ma C L, Huang Y Q, Duan X F, et al. High-transmittivity non-periodic sub-wavelength high-contrast grating with large-angle beam-steering ability [J]. Chin. Opt. Lett., 2014, 12(12): 1205011-1205014.

[4] Fattal D, Li J J, Peng Z. Flat dielectric grating reflectors with focusing abilities[J]. Nat. Photonics, 2010, 4: 466-470.

[5] 马长链，黄永清，段晓峰，等. 一种设计环形会聚光栅反射镜的新方法 [J]. 物理学报，2014, 63(24): 2407021-2407029.

[6] Lu F L, Sedgwick F G, Karagodsky V, et al. Planar high-numerical-aperture low-loss focusing reflectors and lenses using subwavelength high contrast gratings [J]. Opt. Express, 2010, 18(12): 12606-12614.

[7] Ma C L, Huang Y Q, Duan X F, et al. High-transmittivity non-periodic sub-wavelength high-contrast grating with large-angle beam-steering ability[J]. Chinese Optics Letters, 2014, 12(12):5-8.

[8] Feng J, Zhou Z. Polarization beam splitter using a binary blazed grating coupler [J]. Opt. Lett., 2007, 32(12): 1662-1664.

[9] Zhang Y, Jiang Y, Xue W, et al. A broad-angle polarization beam splitter based on a simple dielectric periodic structure [J]. Opt. Express, 2007, 15(22): 14363-14368.

[10] Wang B, Lei L, Chen L, et al. Connecting-layer-based polarizing beam splitter grating with high efficiency for both TE and TM polarizations [J]. Optics & Laser Technology, 2012, 44(7): 2145-2148.

[11] 邵士茜. 硅基集成光栅耦合器及其偏振无关特性研究 [D]. 武汉: 华中科技大学, 2011.

[12] 黄诚, 姜夕梅, 白成林, 等. 具有光束偏转功能的亚波长光栅偏振分束器 [J]. 光电子激光, 2019,30(8): 791-796.

[13] 王莹. 光通信中的亚波长光栅及分束器件的研究 [D]. 北京: 北京邮电大学,2017.

[14] 顾婉仪. 光纤通信系统 [M]. 北京: 北京邮电大学出版社. 2013.

[15] Fang W J, Huang Y Q, Duan X F, et al. Non-periodic high-index contrast gratings reflector with large-angle beam forming ability[J]. Optics Communications, 2016, 367(25):114213(1-6).

[16] Luca C, Radu M, Jesper M, et al.High-index-contrast grating reflector with beam steering ability for the transmitted beam[J].Optics Express, 2011,19(23):23567-23572.

[17] Niu H J, Huang Y Q, Yue C Y, et al. Phase delay splitter based on silicon-based sub-wavelength grating[C]//Asia Communication and Photonics Conference(ACP), 2018.

[18] 黄诚, 白成林, 房文敬, 等. 光束会聚型亚波长光栅 1×4 功率分束器 [J]. 激光与光电子学进展, 2020, 57(3): 030502(1-7).

[19] Fei J, Liu K, Liu T, et al. Performance comparison between serial-connected and parallel-connected photodiode array[C]// Cleo: Applications & Technology, 2017.

第 5 章　二维高折射率差光栅器件

通过对一维亚波长高折射率差光栅反射光束的相位控制，逐步地选取局部光栅的周期和宽度组成非周期结构，可以实现光束的会聚。近年来，各种形状的具有光束会聚特性的二维高折射率差光栅结构应运而生，比如，非周期环形亚波长高折射率差光栅 [1,2]、非周期块状阵列高折射率差光栅 [3-5]、非周期圆柱阵列高折射率差光栅 [6,7] 等，这些结构的研究将对未来实现具有新功能的更复杂的集成光电器件提供有力的支持。

本章主要研究二维非周期高折射率差光栅，实现光束会聚。通过优化、选取光栅参数，设计同心环高折射率差光栅反射镜、二维块状高折射率差透镜、二维块状高折射率差光栅功分器，以及二维块状高折射率差滤波器。

5.1　具有光束会聚功能的同心环高折射率差光栅反射镜

5.1.1　结构设计

非周期同心环高折射率差光栅的结构示意图如图 5.1 所示，该结构是基于 SOI 晶片实现的，由 500 nm 硅层 (Si) 和 500 nm 掩埋氧化层 (SiO₂) 组成。光栅层为硅层，厚度固定为 500 nm。凹槽中的介质是空气，折射率为 1。Si 和 SiO₂ 的折射率分别为 3.48 和 1.47。由于同心环高折射率差光栅是严格的轴对称结构，所以该光栅结构的入射光为径向偏振光 (电场矢量垂直于光栅条方向)。径向偏振光电场矢量，其分布就像轮子的辐条一样，光束沿着半径方向从中心指向边缘，与同心环形的切线方向处处垂直。

同心环高折射率差光栅实现会聚特性也由光栅的结构参数及相位分布决定。为了避免加工过程中因改变光栅层的厚度而产生的困难，这里只改变了光栅周期和光栅宽度。根据波前相位控制原理和高折射率差光栅的局部谐振特性，局部的反射率只与局部的光栅结构有关，因此在沿着圆环的半径方向使得光栅反射平面上的反射相位呈现抛物线轮廓，反射光束就可以实现会聚，这时反射波相位应该满足式 (5.1)：

$$\Phi(r) = \frac{2\pi}{\lambda}\left(\sqrt{r^2 + f^2} - f\right) + \Phi_0 \tag{5.1}$$

其中，f 为光束会聚的焦距；λ 是入射波长；Φ_0 是中心位置的相位值。当相位值跨越整个 2π 的范围，相位值取值 0~2π 时，满足光束会聚的条件。

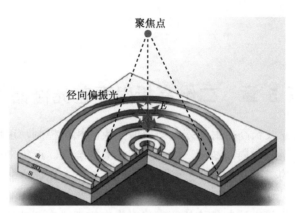

图 5.1　非周期同心环高折射率差光栅结构示意图

　　同心环高折射率差光栅是一个轴对称的二维结构，当径向偏振光垂直入射光栅结构时，电场偏振方向与同心环的切线方向垂直。如果直接用 RCWA 法或是模态法来计算同心环高折射率差光栅的反射特性，将会十分困难。为了简化计算方法，将径向偏振光束入射到同心环高折射率差光栅的情况近似认为与 TM 偏振光入射到一维条形高折射率差光栅一致。将该同心环光栅沿着径向等分为 N 份，每一份等价于一个 TM 偏振光 (电场方向垂直于光栅条方向) 入射的非周期条形光栅，如图 5.2 所示。由此可知，在选择同心环光栅的径向结构参数时，只要选择 TM 偏振光入射的条形光栅的横向结构参数即可。

(a)   (b)

图 5.2　光波入射光栅的示意图；(a) 径向偏振光入射同心环光栅；(b) TM 偏振光入射条形光栅

5.1.2　理论仿真

　　设计同心环高折射率差光栅的方法与条形高折射率差光栅的设计方法基本一致。唯一的区别是在高反射区域选取的相位满足同心环高折射率差光栅的相位公

式 (5.1)。为了避免计算量过大，这里设计了焦距为 12 μm 的同心环高折射率差光栅会聚反射镜。在波长为 1550 nm 的径向偏振光下，采用 COMSOL 软件中的三维模型仿真非周期同心环高折射率差光栅结构。仿真结果如图 5.3(b) 所示，当径向偏振光垂直入射到同心环高折射率差光栅会聚反射镜后，反射平面上的绝大部分光会聚于一点。图 5.3(a) 显示了实现光束会聚的 "理想" 抛物线相位，以及设计的与光栅参数一一对应的相位值。从图中可以看出，选出的离散的相位值基本上都在 "理想" 的连续曲线上，说明此结构可以实现很好的会聚效果。通过计算得到，在反射平面的总反射率为 92.1%，电场强度的半高全宽为 0.8701 μm，以及反射面上的焦距为 11.65 μm，非常接近于理论设计的焦距 12 μm。这个微小误差的产生是由于，实现同心环高折射率差光栅会聚反射镜的反射相位是离散相位，而不是由式 (5.1) 得到的严格连续分布的相位。

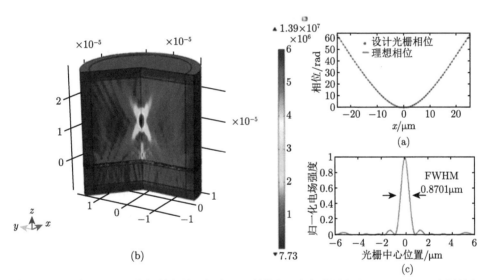

图 5.3 (a) 实现同心环高折射率差光栅会聚反射镜的理想抛物线相位；(b) 同心环高折射率差光栅会聚反射镜电场分布；(c) 归一化电场强度的半高全宽

5.1.3 同心环高折射率差光栅反射镜制备

为了进一步研究不同光栅结构的光束会聚特性，这里制备了同心环高折射率差光栅反射镜，其结构是半径为 250 μm、焦距分别为 15 mm 和 400 μm 的非周期同心环高折射率差光栅结构。该 SOI 光栅结构包含 500 nm 硅层和 500 nm 二氧化硅层。焦距为 15 mm 的同心环高折射率差光栅反射镜的光学显微镜图像，以及局部位置的 SEM 图像如图 5.4 所示。

图 5.4　焦距为 15mm 的同心环高折射率差光栅反射镜的光学显微镜图像，以及局部位置的
SEM 图像

5.1.4　实验测试和分析

1. 实验测试系统

同心环亚波长高折射率差光栅结构测试系统与条形高折射率差光栅的基本相同，唯一的区别是同心环高折射率差光栅的偏振方向是径向偏振光，所以在测试时加入了径向偏振转换器。其测试系统如图 5.5 所示。可调谐激光器的输出光耦合到光纤准直器 (反射率: 0.5%)，产生与制备结构的尺寸近似匹配的大直径光束，并将入射光转换成平行光。经径向偏振转换器后，入射光转换为径向偏振光。这时的入射光经 50:50 的立体分束器后，约 1/2 的透射光垂直入射到光栅结构。来自高折射率差光栅的反射光束再次经过立体分束器，同样只有 1/2 的反射光束被接收。最后，使用 InGaAs 相机来记录反射光束的强度分布。

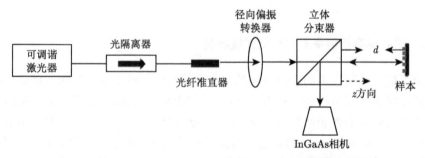

图 5.5　焦距为 15mm 的同心环高折射率差光栅结构的测试系统

2. 实验结果分析

根据图 5.5 给出的实验系统，得到了沿 z 方向的光斑的变化过程，并且呈现了不同位置处的光斑强度分布。图 5.6(a) 是垂直入射到光栅结构的入射光的强度分布。图 5.6(d) 显示了最小的光斑 (称为会聚光斑)。从图 5.6(b)~(f) 可以看到，随着光栅前方距离的不断增加，光斑尺寸先减小再增加。反射光束的强度在 $d=10.87\,\text{mm}$ 处达到最高点。同心环高折射率差光栅在会聚平面的反射光的 FWHM 从 400 μm 减小到 260 μm。与输入光束强度相比，强度增加 1.26 倍。会聚光斑的强度增加幅度较低，因为光栅的反射光再次通过立方体分束器。所测量的反射光的强度比原始反射光小 50%。对于制备的同心环高折射率差光栅结构的焦距，计算得出焦距为 10.87 mm，其小于设计值，这归结于设计过程中的离散相位分布和电子束光刻步骤中的影响，以及图 5.4 中硅槽的表面粗糙度。

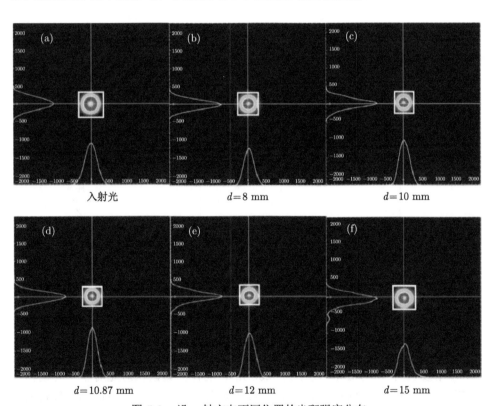

图 5.6 沿 z 轴方向不同位置的光斑强度分布

图 5.6 中绘制的黄线是在不同位置处光斑的强度分布。从图 5.6 中的数据得到了不同位置处的 FWHM，如图 5.7(a) 所示，FWHM 随着距离的增加先减小后

增大，在 10.87 mm 处观察到最小的 FWHM。图 5.7(b) 是在 d =10.87 mm 处，
会聚效率与波长的关系，在 1550 nm 的波长处显示出超过 80％的会聚效率。

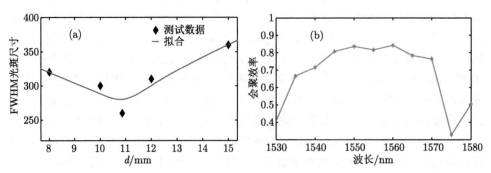

图 5.7   (a) 沿 z 轴方向不同位置的 FWHM；(b) 在 d=10.87 mm 处不同波长下的会聚效率

为了易于与其他光电器件集成，这里测试焦距为 400 μm 的同心环高折射率
差光栅。其结构同样基于包含 500 nm 光栅层 (Si) 和 500 nm SiO$_2$ 层的 SOI 晶
片。由于焦距是微米级，比较小，图 5.5 中的实验系统不再合适，所以使用图 5.8
所示的测试系统测试该光栅结构的反射率。

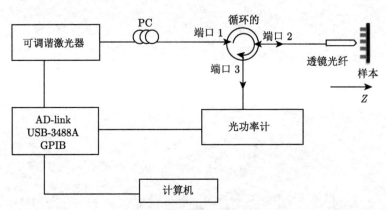

图 5.8   1550 nm 波长下的 TM 偏振光测试会聚特性高折射率差光栅反射率的实验装置

使用波长为 1550 nm、功率为 3.56 mW 的径向偏振入射光对整个光栅器件
x 方向进行扫描，结果如图 5.9 所示。图 5.9 所示为光栅在 x 方向不同位置的反
射功率值。实验数据测试的结果表明，在 1550 nm 入射波长下，光栅器件在 x 方
向的反射光功率呈高斯型变化，在光栅中间位置出现明显的峰值，因此，该光栅
器件呈现出明显的会聚特性，焦点处的最高反射光功率达到 463.5 μW，半高全宽
大约为 140 μm。通过积分求出其反射率为 84.59％。

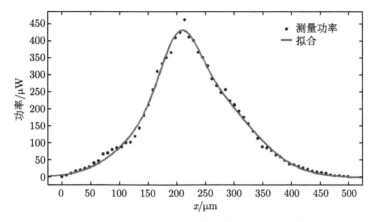

图 5.9　焦距为 400 μm 的同心环高折射率差光栅会聚反射镜的测试结果

5.2　二维高折射率差光栅透镜

当高折射率差光栅在光栅平面上相互垂直的两个方向上都呈周期性分布时，就构成二维高折射率差光栅[8−10]。当光入射在二维高折射率差光栅上时，产生的是混合高折射率差光栅模，也就是说，入射光场不能分离成 TE 和 TM 两个偏振态。它可以对平行于光栅平面的任一光场在垂直入射时产生高反射率或者高透射率，这是二维高折射率差光栅的一个重要特性：偏振无关特性。二维高折射率差光栅同样具有波前相位控制这一重要特性。近年来，二维高折射率差光栅利用波前相位控制特性实现了波束控制、光束会聚或光学涡流等应用[11−14]。

5.2.1　结构设计

1. 结构模型

图 5.10 是二维高折射率差光栅的结构图，中间的黄色正方形块表示光栅块 (一般为 Si 材料)，其长和宽相等，设为 W，下层橙色表示低折射率材料 (一般为空气或者 SiO_2)，两个互相垂直方向的周期相等，即 $\Lambda_x = \Lambda_y = \Lambda$，这样保证结构的对称性，实现偏振无关特性。通过分析二维高折射率差光栅的波前相位控制原理，这里设计了块状亚波长高折射率差光栅透镜。结构使用具有 1.2 μm 厚度的顶层 Si 和 3 μm 厚度的 SiO_2 层的 SOI 晶片，取得折射率分别为 3.48 和 1.47。顶层 Si 作为光栅层，厚度固定在 1.2 μm。凹槽中的介质是空气。该结构是在光束会聚的基础上实现高透射，所以在设计该器件时，重要的任务是确定二维光栅会聚所需满足的相位分布[15−17]。

由 3.3.2 节内容知道，与一维高折射率差光栅的原理相似，二维高折射率差光栅同样具有局部谐振特性，当入射光垂直入射在光栅表面时，非周期结构的高折射率差光栅的局部反射特性只与局部的光栅结构相关，在高反射或高透射区域选择满足 $0 \sim 2\pi$ 的相位变化的光栅单元，可以实现二维高折射率差光栅光束会聚。根据射线方程可以得到光束会聚的相位分布[3]：

$$\Phi(x,y) = k_0\left(\sqrt{x^2 + y^2 + f_{xy}^2} - f_{xy}\right) + \Phi_0 \tag{5.2}$$

其中，f_{xy} 是光束会聚的焦距；$k_0 = 2\pi/\lambda$，λ 是入射光波的波长；Φ_0 是中心坐标 $(0,0)$ 处的相位值。

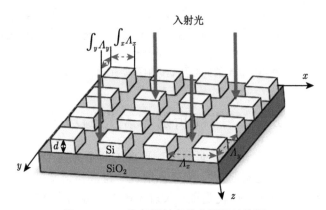

图 5.10   二维高折射率差光栅的结构图

2. 设计方法

设计二维块状高折射率差光栅偏振无关会聚透镜的过程，与 4.1.1 节和 5.1.1 节设计条形、环形光栅会聚结构的过程类似。首先给定设计参数，如焦距、数值孔径 NA、光栅厚度等，根据给定的设计需求以及式 (5.2) 可计算出透射光所必须满足的相位分布。首先要确定二维周期光栅的结构参数与透射相位的对应关系，然后再依次挑选出每一个光栅单元，使它们的相位满足所需的分布规律。实际上，在设计二维块状高折射率差光栅时，周期 Λ 可以是变化的，但是那将会增加设计过程的复杂度，所以为了便于快速设计，本节将 Λ 定为一个常量。经过反复验证，最后确定周期 Λ 为 700 nm，此时在不同光栅块宽度下二维光栅都具有很好的透射特性。保持周期 Λ 的值固定不变，根据二维严格耦合波算法，用 MATLAB 程序计算透射系数随光栅块宽度的变化关系。当波长为 1550 nm 的 TE 或 TM 偏振波垂直入射时，令光栅块的边长从 50 nm 逐步变化到 650 nm，计算对应的透射率和透射相位，得到的一维分布曲线如图 5.11 所示。

从图 5.11 可知，当光栅块的宽度 W 的变化范围在 50 nm$\leqslant W \leqslant$330 nm 时，二维周期高折射率差光栅具有较高的透射率 (大部分对应的值在 90% 以上，且最低透射率大于 85%)，与此同时，透射相位能满足完整的 0～2π 区间内的变化。

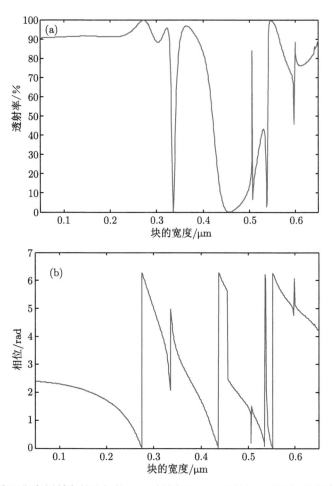

图 5.11　二维周期高折射率差光栅的 (a) 透射率和 (b) 透射相位随光栅块宽度的变化关系

　　本节设计二维光栅透镜的焦距为 6.5 μm，整体宽度大约为 12 μm，将其划分成以 700 nm 为边长的正方形周期单元。这种光栅结构关于 x 轴和 y 轴都是对称的，在设计时只需考虑第一象限内 (即 x 与 y 坐标皆大于 0) 的部分，然后分别上下、左右作镜像补全其余的部分。设每一个光栅块中心位置的坐标是 (x_{mn}, y_{mn})，对应的透射相位值是 $\Phi(x_{mn}, y_{mn})$。其中的下标 m 和 n 分别表示某一个方块所在的行和列的值，由于只考察第一象限的光栅单元，因此 m、n 都大于 0。我们要按照从左向右、从下到上的顺序来确定结构参数，依次选取满足相位分布条件的光栅块，把它们组合成一个整体。在用 MATLAB 程序查找数据时可以设置两个循环体，内层循环计算 x 坐标，外层循环计算 y 坐标，使相邻两个单元的位置和离散相位的关系满足式 (5.3)：

$$x_{m,n+1} = x_{m,n} + \Lambda, \quad y = y_{m,n}$$

$$x_{m,n+1} = x_{m,n}, \quad y = y_{m,n} + \Lambda, \quad m, n = 0, 1, 2, 3, \cdots$$

$$\Phi(x_{m,n}, x_{m,n}) = k_0 \left(\sqrt{(d - x_{m,n})^2 + x_{m,n} + f_{xy}^2} - f_{xy} \right) + \Phi_0 \quad (5.3)$$

本节所设计的光栅器件所需的离散相位分布的三维曲面图如图 5.12(a) 所示，从图中可以很明显地看出，实现透射会聚的相位呈现抛物状，满足会聚所需的相位条件。根据计算结果，可以得到整个二维光栅的结构分布，如图 5.12(b) 所示，为所有光栅单元在 xy 平面的排列。图中的每个大小不同的正方形表示各个高折射率的硅块，这些正方形构成了实现透射会聚的光栅结构。

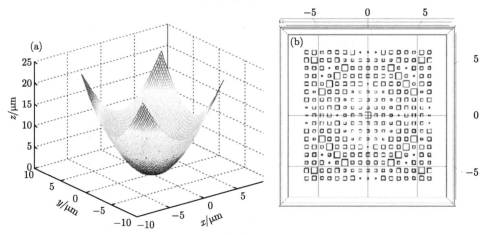

图 5.12　(a) 二维高折射率差光栅满足的整体相位分布；(b) 所设计的二维光栅功分器的俯视图

5.2.2　理论仿真

在 5.2.1 节中已经确定了构成二维高折射率差光栅透镜的所有结构参数，本小节主要是对设计的高折射率差光栅结构进行仿真，采用了 COMSOL 软件波动光学模块的三维仿真来验证其会聚效果，在建模时没有将边界条件设置成完美匹配层 (PML)，而是直接设置为散射边界条件。原因是，对于三维仿真，增加 PML 会大大增加运算量，且使迭代求解的过程不容易收敛，而使用散射边界条件更方便，可以缩短仿真时间并能得到很好的仿真效果。

图 5.13 是仿真得到的光栅结构的电场分布图，其中入射光为波长为 1550 nm 的 TE 和 TM 混合偏振光，以垂直入射的方式照射到二维光栅表面。为了更清楚地观察光栅的会聚现象，这里选择了分别垂直于 x、y 和 z 轴的三个不同方向的截面，图 5.13(a) 为三维立体电场强度分布图，图 5.13(b) 是 xy 截面的电场强度

分布图，图 5.13(c) 为 yz 截面的电场强度分布图。从图中可以看出，当 TE 和 TM 的混合偏振波从上部垂直入射到二维高折射率差光栅表面后，大部分光波发生透射，并且会聚于一个焦点。会聚点场强最大处位于透射平面下方 6.3 μm，这与设计的 6.5 μm 的焦距非常接近。误差产生的原因可能有以下两点：① 光栅的实际相位是离散而非连续的；② 衬底二氧化硅与空气界面的折射。

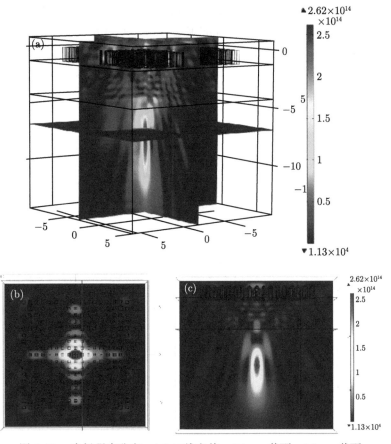

图 5.13　电场强度分布：(a) 三维立体；(b) xy 截面；(c) yz 截面

5.3　具有光束会聚功能的二维高折射率差光栅功分器

分束器在光互连、光信号路由和光信息处理等众多应用中扮演着重要角色。最近，基于光栅结构的功分器已经报道了许多，与传统功分器相比，光栅功分器具有结构紧凑、功率损耗低等优点[18,19]。但是目前报道的光栅功分器功能较单一，仅仅功率均衡。本节介绍具有双重功能的二维高折射率差光栅功分器，该结构既能实现功率均分又能使光束透射会聚。该结构功分器可以作为光源与光探测器集成，不仅可以增加量子效率，还可以保持高速。

5.3.1　结构设计

1. 结构模型

通过分析二维高折射率差光栅的波前相位控制原理，这里设计了块状亚波长高折射率差光栅功分器，其结构图如图 5.14(a) 所示，其截面示意图如图 5.14(b) 所示。该结构使用具有 650 nm 厚度的顶层 Si 和 500 nm 厚度的 SiO₂ 层的 SOI 晶片，折射率分别为 3.48 和 1.47。顶层 Si 作为光栅层，厚度固定在 500 nm。凹

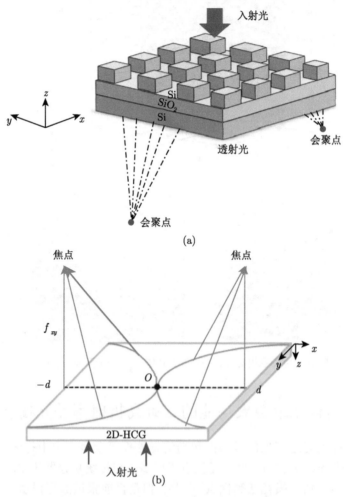

图 5.14　二维高折射率差光栅功分器结构图

槽中的介质是空气。该结构是在光束会聚的基础上实现功率分束的，所以在设计该器件时，重要的任务是确定二维光栅分束会聚所需满足的相位分布[3-5]。

根据光束会聚的相位表达式，推导出了光束分束会聚的相位分布。如图 5.14(a) 所示，令 $a = \sqrt{x^2 + y^2}$，a 表示二维高折射率差光栅反射或透射面上的某一点到原点 (0,0) 的距离。设整个光栅结构的总宽度是 $2d$，右半部分光栅上某一点对应的 a 值可以表示为 $a = \sqrt{(d-x)^2 + y^2}$，而左半部分光栅上的点对应的值为 $a = \sqrt{(d+x)^2 + y^2}$。将 a 代入实现光束会聚的相位表达式 (5.2)，得出实现的功率分束器的整体相位分布：

$$\Phi(x,y) = k_0 \left(\sqrt{(d-x)^2 + y^2 + f_{xy}^2} - f_{xy} \right) + \Phi_0, \quad 0 < x < d, -d < y < d$$

2. 设计方法

根据以上二维高折射率差光栅的相位调制原理，首先使用二维严格耦合波法仿真计算出二维周期高折射率差光栅的透射率和相位分布图，找出在高透射区域满足相位在 $0 \sim 2\pi$ 范围内变化的光栅参数。在计算时，为了避免计算量过大，把周期设定为固定值，只计算光栅块宽度与透射率和相位的关系即可。当波长为 1550 nm 的 TE 和 TM 混合波垂直入射时，设定周期为 600 nm，计算得到了正方形光栅块的宽度与透射率和相位的关系，如图 5.15 所示。

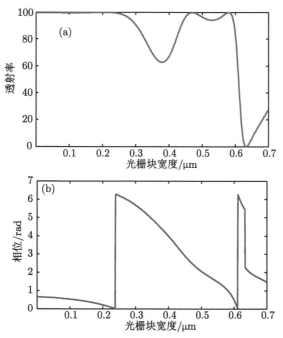

图 5.15　二维周期高折射率差光栅的 (a) 透射率和 (b) 透射相位随光栅块宽度的变化关系

　　当光栅块的宽度 W 的变化范围在 $0.1\ \mu m \leqslant W \leqslant 0.530\ \mu m$ 时, 二维周期高折射率差光栅具有较高的透射率 (总的透射率大于 85%), 同时透射相位满足在 $0 \sim 2\pi$ 范围内变化。这两组图的数据可以作为一个查找表, 然后依次挑选符合设计要求的光栅宽度值。

　　设计的二维高折射率差光栅功分器的焦距为 $6\ \mu m$, 光栅总宽度大约为 $10\ \mu m$, x 方向和 y 方向的光栅周期为 $600\ nm$。由于设计的该结构关于 x 轴和 y 轴都对称, 所以在设计时只需考虑 $x \gg 0$ 和 $y \gg 0$ 的部分, 然后分别左右、上下翻转组成一个整体结构。设每一个光栅块中心位置的坐标是 (x_{mn}, y_{mn}), 对应的透射相位为 $\varPhi(x_{mn}, y_{mn})$, 其中下标 m 和 n 分别表示某一个光栅块所在的行和列的值 $(m > 0,\ n > 0)$。将整个结构划分为周期为 $600\ nm$ 的正方形网格。通过查找表选择满足条件的光栅参数, 使相邻两个单元满足公式 (5.3)。

　　图 5.16(a) 是选择出的满足设计条件的三维离散相位分布。与选择相位一一对应的光栅参数组成的整个二维光栅的结构如图 5.16(b) 所示。图中的蓝色正方形表示高折射率的硅块。

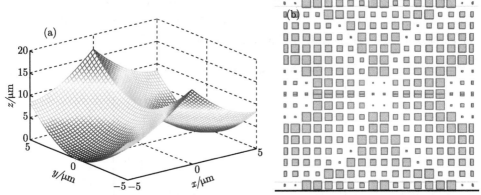

图 5.16　　(a) 二维高折射率差光栅的三维离散相位分布; (b) 设计的整个二维高折射率差光栅结构分布

5.3.2　理论仿真

　　二维高折射率差光栅功率分束器结构的仿真, 采用 COMSOL 仿真软件中的三维模型进行。当波长为 $1550\ nm$ 的 TE 和 TM 混合偏振波垂直入射到二维光栅表面时, 得到的电场强度分布如图 5.17 所示。图 5.17(a) 是三维电场分布, 可以明显地看出大部分的光波发生透射, 并且会聚于关于 y 轴对称分布的两个不同焦点。图 5.17(b)~(d) 分别是 xz 平面、xy 平面及 yz 平面的电场分布图。经过计算, 每个会聚点的场强最大处位于透射平面下方 $5.8\ \mu m$, 即两个会聚焦距都为 $5.8\ \mu m$, 这与设计的 $6\ \mu m$ 的焦距基本一致。此误差产生的原因可以概括为三种, 一是选

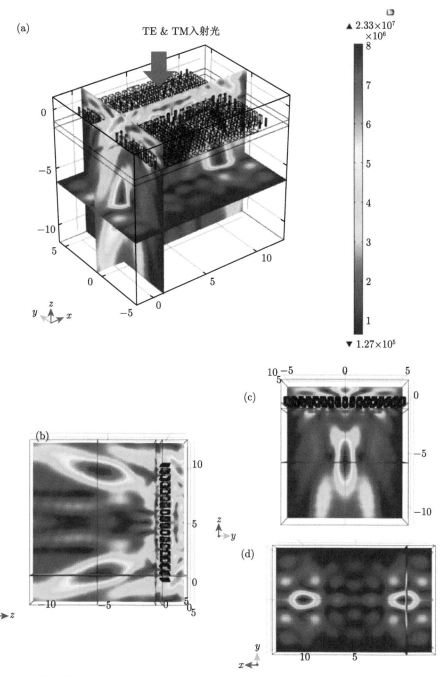

图 5.17 仿真得到的二维高折射率差光栅电场分布：(a) 三维电场；(b)~(d) 分别是 xz 平面、
xy 平面及 yz 平面的电场分布图

取的合适相位是离散的，而非表达式计算得到的连续值；二是衬底二氧化硅与空气界面的折射；三是由于会聚功率分束器的功率是光栅透镜宽度的一半，所以两个光束会聚的电场强度减弱。

通过计算得到，整个二维光栅功率分束器的总透射率为 82.236%，两个焦点处的透射率分别为 41.157% 和 41.079%。二者的透射率几乎完全相等。根据器件插入损耗的定义 (其中一个端口的透射功率与入射功率的比值，并将其用对数表示) 计算得到插入损耗的值为 3.75 dB。

图 5.18 表示当入射波长为 1550 nm 时，在透射会聚平面上的电场强度分布。图 5.18(a) 为经过两个焦点、与 x 轴方向平行的截线上的电场强度的一维分布曲线，图 5.18(b) 为经过左侧焦点、与 y 轴方向平行的截线上的电场强度的一维分布曲线。从图中可以看出，在波长 1550 nm 入射下的会聚平面的电场强度分布曲

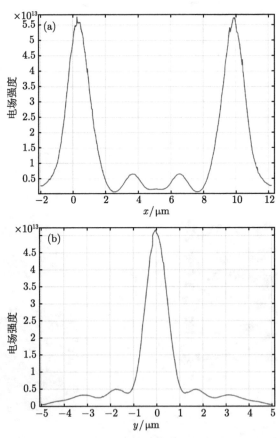

图 5.18   电场强度分布：(a) 在 x 方向上的电场强度曲线；(b) y 方向上的电场强度分布曲线

线与图 5.13 电场强度分布具有很好的一致性，说明该结构具有很好的分束及会聚的特性。

5.3.3 二维高折射率差光栅功分器制备

为了便于实验测试及与其他光电器件集成，这里制备了焦距为 200 μm 的二维非周期块状阵列式亚波长高折射率差光栅功分器。制备的光栅基片为 SOI 结构，顶层硅和二氧化硅的厚度分别是 650 nm 及 500 nm。光栅周期为 600 nm，总宽度为 250 μm，也就是两个焦点之间的距离为 250 μm。光学显微镜下的二维高折射率差光栅的光学显微镜图像如图 5.19 所示。

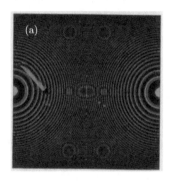

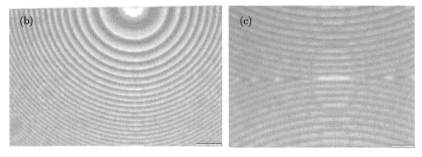

图 5.19   二维高折射率差光栅的光学显微镜图像：(a) 整体图像；(b)，(c) 局部图像

5.3.4 实验测试和分析

1. 实验测试系统

根据实验需要，这里设计并搭建了测试高折射率差光栅功率分束在稍远距离处的实验系统，实验系统框图如图 5.20 所示。选用 Anritsu Tunics SCL 可调谐激光器作为光源，可调谐的波长范围是 1460∼1610 nm。激光器输出的光波是波长为 1550 nm、功率为 1 mW 的 TE 和 TM 偏振的混合波，通过光纤准直器 (透射率为 99.5%) 使得光纤传输的光波变成平行光，然后垂直入射到二维光栅表面，经光栅透射出的光束由 InGaAs CCD 记录数据。

图 5.20   二维非周期高折射率差光栅功分器远距离测试系统

为了进一步更加准确地测试一分二功分器的分束效果，这里设计并搭建了近距离测试系统，如图 5.21 所示。使用波长为 1550 nm、功率为 1 mW 的入射光垂直入射光栅。然后使用光纤对光栅区域在 x 方向进行扫描，并使用光功率计来记录数据。

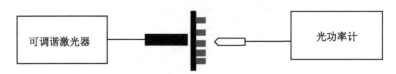

图 5.21   二维非周期高折射率差光栅功分器近距离测试系统

2. 实验结果分析

首先分析远场测试的结果。根据图 5.20 所示的实验测试系统，得到了在 1550 nm 波长的混合偏振光垂直入射下，距离透射面大约 600 μm 处的光斑强度分布，如图 5.22 所示，从图中可以清晰地看出，在透射平面上的光波产生了很明显的分束，并且在两个光斑上的能量分布比较集中。图 5.22(b) 和 (c) 分别是在 x 方向和 y 方向测得的光强分布。从图中可以看出，两个光斑的最大光场强度之比为 1:0.9，这二者的形状和大小几乎相同，因此可近似认为是功率均分。同时还可以测量得到，两个焦点之间的距离大约为 500 μm。

为了进一步证明该二维光栅结构的分束特性，这里对二维光栅结构进行近距离测试。在 1550 nm 波长、功率为 1 mW 的入射光垂直入射的情况下，在距离透射面大约 190 μm 处取得最大功率，且在此距离处对整个光栅区域在 x 方向进行扫描，测得光栅的光斑强度分布，如图 5.23 所示。两个峰值功率之比为 1:0.85，两个焦点之间的距离大约为 210 μm，经计算，与远距离测试的结果几乎是一致的。二者都与设计的焦距为 200 μm、两个焦点之间距离为 250 μm 的功分器基本一致。引起测试的两个峰值不等的原因可能有：在测试时入射光可能不是绝对垂直入射；测试时入射光强度在两个对称光栅区域分布不均匀；刻蚀过程中某些较小的光栅块没有刻出理想的图形，如图 5.19 所示的白点。

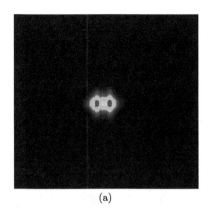

(a)

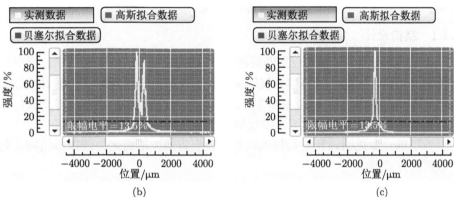

(b)   (c)

图 5.22 二维非周期高折射率差光栅功分器远距离测试结果: (a) 分束光斑; (b) 在 x 方向上的光强分布曲线; (c) 在 y 方向上的光强分布曲线

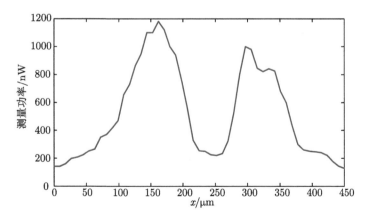

图 5.23 二维非周期高折射率差光栅功分器近距离测试结果: 在 x 方向上的光强分布曲线

5.4　二维高折射率差光栅滤波器

亚波长光栅还有一个重要的特性，即导模共振特性。近年来，导模共振因其具有窄线宽、高效率等特点，受到了研究者的关注。导模共振特性主要是由于，光栅外的衍射场与光栅结构所支持的泄露模式发生耦合，从而引起了衍射光的能量发生了重新分布。亚波长光栅由于只存在零级衍射，所以其更容易产生导模共振效应，并且具有尺寸小、结构简单、集成度高等优点。目前，基于导模共振特性的亚波长光栅滤波器已经取得了长足进展 [20-25]，但是报道的光栅滤波器大多是偏振相关，限制了滤波器在偏振无关集成系统的应用。本节主要介绍基于二维块状高折射率差光栅的偏振无关滤波器。

5.4.1　结构设计

当光波通过亚波长光栅 (光栅周期小于入射波的波长) 时，空气中仅零级波作为传播波存在。因此，导模谐振仅影响子波长光栅的零级反射波和透射波之间的能量分布。在共振条件下，光栅产生全反射，并且光波无法透射通过光栅，但是只要它稍微偏离共振条件，光波的反射率就会下降到几乎为零。

为了进一步说明该设备的物理机制，我们将滤波器简化为谐振器结构，得到时域耦合方式 [26]：

$$\frac{\mathrm{d}\psi}{\mathrm{d}t} = (\mathrm{j}\omega_0 - \gamma)\psi + \sqrt{2\gamma}S_{\text{in}} \tag{5.4}$$

$$S_{\text{out}} = \sqrt{2\gamma}\psi - S_{\text{in}} \tag{5.5}$$

其中，ω_0 和 ψ 分别表示谐振频率和谐振振幅；S_{in} 和 S_{out} 分别为输入和输出光波；γ 为谐振器的外泄因子。推导出光在谐振器中的反射率为

$$R = \left|\frac{S_{\text{out}}}{S_{\text{in}}}\right| = \frac{(\omega - \omega_0)^2 - 2\gamma\mathrm{j}(\omega - \omega_0) + \gamma^2}{(\omega - \omega_0)^2 + 2\gamma\mathrm{j}(\omega - \omega_0) + \gamma^2} \tag{5.6}$$

当入射光照射到高折射率差光栅时，光栅的导引模式被激发，并产生谐振滤波效果。

图 5.24 展示了块状二维高折射率差光栅滤波器结构的示意图，其设计参数包括光栅折射率 (n_{g})，光栅下面的层的折射率 (n_{air})，光栅层厚度 (t_{g})，以 x 或 y 表示的光栅周期方向 ($\Lambda_{x,y}$)，以及沿 x 或 y 方向的光栅宽度 ($W_{x,y}$)。该结构设计参数包括：$n_{\text{g}} = 1.47$，$n_{\text{air}} = 1$，$t_{\text{g}} = 880\text{ nm}$，此外，为了确保偏振无关，光栅在旋转 90° 后保持结构对称性，因此要求 $\Lambda_x = \Lambda_y$ 和 $W_x = W_y$。另外，假设光栅上方的区域是空气，所有折射率均为各向同性、非色散且入射角设为 θ。

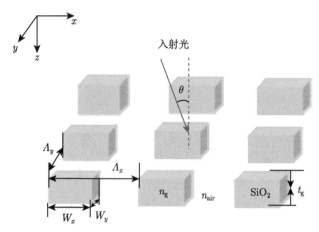

图 5.24　块状二维高折射率差光栅滤波器结构图

5.4.2　理论仿真

当光栅的周期、光栅层厚度等参数发生改变时，将会导致本征方程的解发生变化，从而共振波长也会发生变化。下面介绍结构参数对共振谱线的影响。

首先，基于严格耦合波分析 (RCWA) 进行二维数值模拟，分析该器件的反射光谱，以找到最佳参数集，即 (W_x, Λ_x)。假设入射角 $\theta = 0°$，光栅厚度 $t_g =$ 880 nm，仿真得到反射率与光栅周期和光栅宽度的关系，如图 5.25 所示。经计算，当中心波长 1550nm 时，可以得到光栅宽度 $W_x = W_y = 0.65 \ \mu m$，周期 $\Lambda_x = \Lambda_y =$ 1.5 μm。

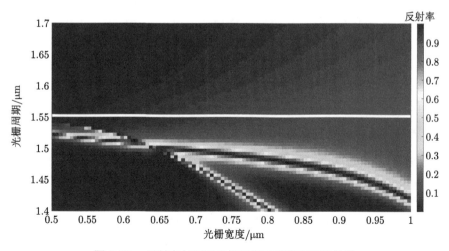

图 5.25　反射率与不同光栅周期和光栅宽度的关系

1. 入射角度对滤波特性的影响

本节首先研究了不同入射角对光栅滤波器的影响。通过 RCWA 计算了在 1420~1620 nm 范围内不同入射角的光栅的滤波器反射光谱。图 5.26 示出了具有不同入射角和波长的反射光谱。从图中可以看出，随着入射角的增加，共振峰的强度逐渐降低，位置向长波长漂移，出现两个共振峰。

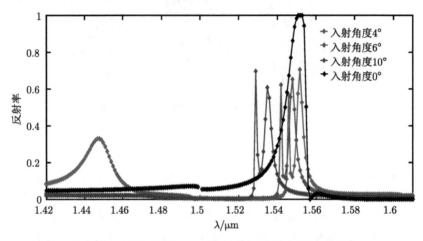

图 5.26　1420~1620 nm 范围内不同入射角的反射光谱

2. 光栅周期对滤波特性的影响

图 5.27(a) 显示了周期对滤波器反射光谱的影响，给出了在不同周期和不同波长下的反射率关系，然后对不同光栅周期情况下 (分别为 1.4 μm、1.45 μm、1.5 μm) 的光谱曲线进行计算，随着光栅周期逐渐变大，共振峰的位置也逐渐变大，周期减小时会出现两个共振峰，如图 5.27(b) 所示，从图中可以看到，共振位置对周期较为敏感，因此在光栅的制作过程中要严格要求加工工艺，因为产生的误差会在一定程度上影响设计需要。

3. 光栅厚度对滤波特性的影响

图 5.28 为光栅厚度取不同值的情况下，导模共振光栅的光谱响应，周期设定为 1.5 μm。TM 偏振光正入射。图 5.28(a) 表示在不同波长和不同厚度下的反射率强度。图 5.28(b) 所示为不同光栅厚度情况下 (分别为 0.82 μm、0.84 μm、0.86 μm、0.86 μm) 的光谱曲线计算，随着光栅厚度逐渐增加，共振位置向长波长方向移动。

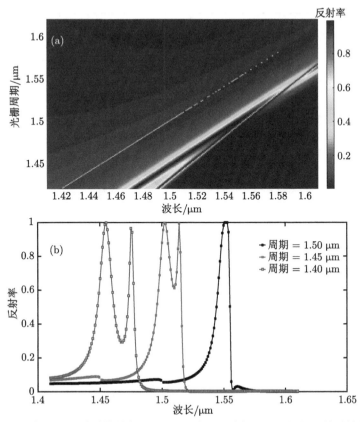

图 5.27 光栅周期对滤波特性的影响: (a) 在不同波长和不同周期下的反射率曲线;
(b) 光栅周期对反射率曲线的影响

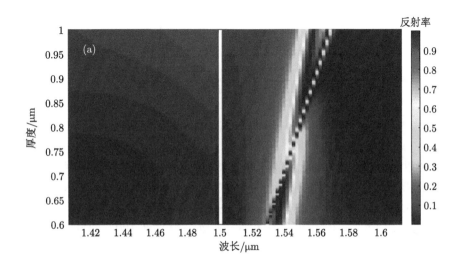

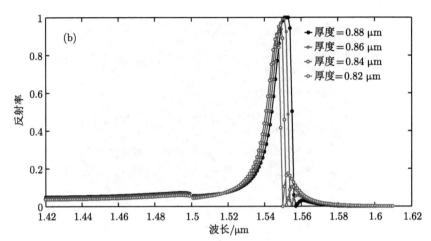

图 5.28　光栅厚度对滤波特性的影响：(a) 反射率强度与不同波长下和不同厚度的关系；
(b) 光栅厚度对反射率曲线的影响

4. 光栅宽度对滤波特性的影响

图 5.29 显示了光栅宽度对滤光器反射光谱的影响。从图中可以看出，共振峰逐渐移向短波长，峰逐渐减小，线宽随着宽度减小而逐渐变窄。

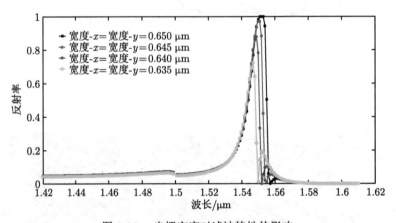

图 5.29　光栅宽度对滤波特性的影响

根据以上所有图中所示，结果表明，滤光器反射光谱受光栅宽度、光栅厚度、光栅周期和入射角的影响。通过调整参数，可以找到最佳的峰值波长位置和峰值宽度。当入射角 $\theta = 0°$，光栅厚度 $t_g = 880\,\mathrm{nm}$，宽度 $W_x = W_y = 0.65\,\mathrm{\mu m}$，周期 $\Lambda_x = \Lambda_y = 1.5\,\mathrm{\mu m}$ 时，在波长 $1.55\,\mathrm{\mu m}$ 处获得几乎 100% 的反射率，并且带宽约为 $7\,\mathrm{nm}$。

参 考 文 献

[1] Ma C, Huang Y, Ren X. High-numerical-aperture high-reflectivity focusing reflectors using concentric circular high-contrast gratings [J]. Applied Optics, 2015, 54(4):973.

[2] Duan X, Zhou G, Huang Y, et al. Theoretical analysis and design guideline for focusing subwavelength gratings [J]. Optics Express, 2015, 23(3):2639-2646.

[3] Ma C, Huang Y, Duan X, et al. Polarization-insensitive focusing lens using 2D blocky high-contrast gratings [J]. IEEE Photonics Technology Letters, 2015, 27(7):1.

[4] Wang Y, Huang Y Q, Fang W J, et al. Novel beam splitter based on 2D sub-wavelength high-contrast gratings[C]//Asia Communications and Photonics Conference, 2016.

[5] Bekele D A, Park G C, Malureanu R, et al. Polarization-independent wideband high-index-contrast grating mirror[J]. IEEE Photonics Technology Letters, 2015, 27(16):1733-1736.

[6] Arbabi A, Horie Y, Ball A J, et al. Subwavelength-thick lenses with high numerical apertures and large efficiency based on high-contrast transmitarrays [J]. Nature Communications, 2014, 6(5):7069.

[7] Arbabi A, Yu H, Ball A J, et al. Efficient high NA flat micro-lenses realized using high contrast transmitarrays [J]. Proceedings of SPIE - The International Society for Optical Engineering, 2015, 9372:93720P-93720P-7.

[8] Arbabi A, Bagheri M, Ball A J. Controlling the phase front of optical fiber beams using high contrast metastructures [A]. Cleo: Science & Innovations, 2014: 1-2.

[9] Zhao D, Yang H, Ma Z, et al. Polarization independent broadband reflectors based on cross-stacked gratings [J]. Opt. Express, 2011, 19(10): 9050-9055.

[10] Zhao H, Yuan D, Qiao N. Design of novel polarization beam splitters based on the subwavelength polarization gratings [J]. Acta Photonica Cinica, 2008, 37(6): 1103-1106.

[11] Fattal D, Li J, Peng Z, et al. Flat dielectric grating reflectors with focusing abilities [J]. Nat. Photonics, 2010, 4: 466-470.

[12] Vo S, Fattal D, Sorin W V, et al. Sub-wavelength gratinglenses with a twist [J]. IEEE Photonics Technol. Lett., 2014, 26: 1375-1378.

[13] Lu F, Sedgwick F G, Karagodsky V, et al. Planar high-numerical-aperture low-loss focusing reflectors and lenses using subwavelength high contrast gratings [J]. Opt. Express, 2010, 18(12): 12606-12614.

[14] Lin D, Fan P, Hasman E, et al. Dielectric gradient metasurface optical elements[J]. Science, 2014, 345(6194):298.

[15] Zhang M, Duan X, Huang Y, et al. Effect of grating mirrors size on focusing reflectors based on two-dimensional high-contrast sub-wavelength gratings[C]// 2017 16th International Conference on Optical Communications and Networks (ICOCN), 2017.

[16] Duan X, Zhang M, Huang Y, et al. Polarization-independent focusing reflectors using two-dimensional subwavelength grating[J]. IEEE Photonics Technology Letters, 2016, PP(99):1.

[17] Wang S, Liu K, Huang Y, et al. Focusing reflectors based on two-dimensional subwave-length gratings[J]. Optical Engineering, 2019, 58(11):117101.1-117101.4.

[18] Lee J H, Yoon J W, Jung M J, et al. A semiconductor metasurface with multiple functionalities: A polarizing beam splitter with simultaneous focusing ability[J]. Applied Physics Letters, 2014, 104(23):1470-1474.

[19] Yang J, Zhou Z. Double-structure, bidirectional and polarization-independent subwave-length grating beam splitter[J]. Optics Communications, 2012, 285(6):1494-1500.

[20] Zhao K, Lei X M, Xie G F, et al. Research of high performance polarization-independent grating beam splitter[J]. Applied Mechanics & Materials, 2013, 310:481-485.

[21] Cheong B H, Prudnikov O N, Cno E H, et al. High angular tolerant color filter using subwavelength grating.[J]. Applied Physics Letters, 2009, 94(21): 213104-213104-3.

[22] Takashima Y, Haraguchi M, Naoi Y. Dual-wavelengths filter operating at visible wave-length region using subwavelength grating on waveguide structure[J]. Optical Review, 2019, 26(5):466-471.

[23] Chang A, Cao H, Chou S Y. Optically tuned subwavelength resonant grating filter with bacteriorhodopsin overlayer[C]// The 16th Annual Meeting of the IEEE Lasers and Electro-Optics Society, 2003.

[24] Gin A V, Kemme S A, Boye R R, et al. High speed optical filtering using active resonant subwavelength gratings[J]. Proceedings of SPIE - The International Society for Optical Engineering, 2010, 7604(1):76040N-76040N-10.

[25] Horie Y, Arbabi A, Han S, et al. High resolution on-chip optical filter array based on double subwavelength grating reflectors[J]. Optics Express, 2015, 23(23):29848.

[26] 胡劲华. 新型微纳结构与硅基 III-V 族半导体光探测器研究 [D]. 北京: 北京邮电大学, 2014.

第 6 章　基于高折射率差光栅超结构的集成器件

6.1　基于超结构光束会聚反射镜的 PIN 光探测器

光探测器是光纤通信系统中的重要组成部分,是决定整个系统性能的关键器件之一。PIN 探测器是最常用、最普遍的探测器,但是其响应带宽与量子效率之间存在相互制约关系。减薄吸收层的厚度可以去除载流子渡越时间的限制,提高响应带宽,但是其量子效率就会降低。为了克服 PIN 光探测器的响应带宽和量子效率的矛盾,研究者们提出新的探测器结构,即谐振腔增强结构 [1,2]、一镜倾斜三镜腔结构 [3]、四镜三腔结构 [4,5] 和反射或透射增强结构 [6] 等。反射增强型光探测器通常使用分布布拉格反射镜 (DBR)[7] 使有效吸收长度增加,在保持高速的同时提高宽波长范围内的量子效率。但是,DBR 结构是由多层介质交替生成的,所以在生长器件时,每一层的厚度及折射率都需要精确计算和严格控制,制备工艺相对复杂。近年来,研究者们已经证明了高折射率差光栅作为宽带反射镜替代 DBR 的应用方案。2010 年,Shang 等提出了使用高折射率差光栅作为底部反射镜来增加 RCE 光探测器的量子效率 [8]。2012 年,Duan 等使用 SOI 结构的同心环高折射率差光栅反射镜来增加光的吸收从而提高 PIN 光探测器的量子效率 [9],在保持高速的情况下,与没有光栅的器件相比,量子效率提高了 39.5%。

本章旨在介绍具有光束会聚特性的高折射率差光栅反射镜与光探测器的集成的研究内容。设计的非周期高折射率差光栅会聚反射镜不仅可以提供高反射率,而且还具有优异的光束会聚能力 [10,11]。非周期高折射率差光栅会聚反射镜与光探测器的集成,可以有效地提升器件的量子效率,实现器件的高速响应特性。入射光通过光探测器吸收层后,没有被吸收的光被作为底部反射镜的高折射率差光栅结构反射,再次进入吸收层,使得光探测器的吸收长度有效地增加。采用了具有反射光会聚特性的光栅,使得器件的量子效率可以显著地提高,光探测器的吸收层可以较薄,从而实现器件的高速响应。

本章从 PIN 光探测器的基础原理出发,利用普通反射镜、条形及同心环会聚高折射率差光栅三种反射镜实现不同台面直径的 PIN 光探测器的集成,然后详细介绍器件的制备工艺,并对其进行测试及分析。

6.1.1 PIN 光探测器的原理

PIN 光探测器是在 PN 结中间加了本征层 (I) 作为吸收层。图 6.1 是 PIN 光探测器的结构示意图。在反偏电压下，由于 PIN 势垒区存在较强的电场 (自 N 区指向 P 区)，I 区的光生载流子受该电场的作用，各自向相反方向运动，I 区的光生电子和空穴在电场的作用下分别进入 N 区和 P 区，形成光生电流。

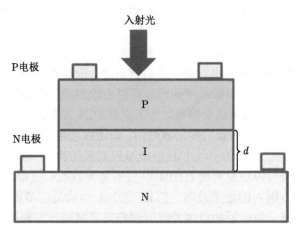

图 6.1   PIN 光探测器的结构示意图

对于垂直入射的 PIN 光探测器，入射光在光探测器的表面有一定的反射，设入射表面的反射率为 R_f。当入射光功率为 P_{in} 时，光电流为

$$I_p = \frac{e}{h\nu} \left(1 - R_f\right) P_{in} \exp\left(-\alpha d_1\right) \left[1 - \exp(-\alpha d)\right] \tag{6.1}$$

其中，h 是普朗克常量；e 是电子电荷；d_1 是能吸收光的接触层厚度；d 是吸收层的厚度；α 是材料对入射波长的吸收系数。

光探测器的量子效率是光生电子–空穴对和入射光子数之比：

$$\eta = \frac{I_p/e}{P_{in}/(h\nu)} = \left(1 - R_f\right) \exp\left(-\alpha d_1\right) \left[1 - \exp(-\alpha d)\right] \tag{6.2}$$

响应度也可以表示光电转换效率，可以表示为

$$R_x = \frac{I_p}{P_{in}} = \frac{\eta e}{P_{in}} \tag{6.3}$$

根据公式 (6.2) 可知，提高光探测器量子效率的方法有两种：一种是减小光探测器表面的反射率 R_f，另一种是增加光探测器吸收层的厚度 d。

载流子的渡越时间可以表示为

$$\tau = \frac{d}{V_d} \tag{6.4}$$

其中，V_d 是载流子漂移速度；d 为耗尽区 (本征的 I 层) 厚度。从公式上可以看到，增加 d，载流子的渡越时间就会变长，光探测器的响应带宽就会降低。其 3 dB 带宽 f_T 可表示为[12]

$$\frac{1}{f_T^2} = \frac{1}{f_{RC}^2} + \frac{1}{f_t^2}$$

$$f_t = \frac{3.5v}{2\pi d}$$

$$\frac{1}{v^4} = \frac{1}{2}\left(\frac{1}{v_e^4} + \frac{1}{v_h^4}\right)$$

$$f_{RC} = \frac{1}{2\pi RC} \tag{6.5}$$

其中，v_e 和 v_h 分别是电子和空穴的饱和速率；f_{RC} 是 RC 带宽限制频率，R 是负载电阻，C 是探测器的结电容。

因此，为了解决响应带宽和量子效率的制约关系，我们将借助纳米尺度新型微纳结构，使器件具有易于集成，高响应带宽，同时在长波长通信波段内实现高量子效率的特点。

6.1.2 基于超结构反射镜的 PIN 光探测器的原理

对于传统的垂直型 PIN 光探测器，器件的响应带宽和量子效率存在相互制约的关系。增加器件的吸收层的厚度可以增大器件的量子效率，但是同时增加了载流子渡越时间，器件的响应带宽将会明显下降。针对这种缺陷，在 PIN 光探测器底部集成反射镜，使入射光通过吸收层吸收后，没有被吸收的光被反射镜反射而再次被吸收层吸收，从而能够在保持高响应带宽的同时提高器件的量子效率，其结构示意图如图 6.2 所示。

设 R_r 为反射镜的反射率，其量子效率的表达式为

$$\eta = (1 - R_f)\exp\left(-\alpha d_1\right)\left[1 - \exp(-\alpha d)\right]$$

$$+ R_r\exp(-\alpha d)\left(1 - R_f\right)\exp\left(-\alpha d_1\right)\left[1 - \exp(-\alpha d)\right]$$

$$= (1 - R_f)\exp\left(-\alpha d_1\right)\left[1 - \exp(-\alpha d)\right]\left[1 + R_r\exp(-\alpha d)\right] \tag{6.6}$$

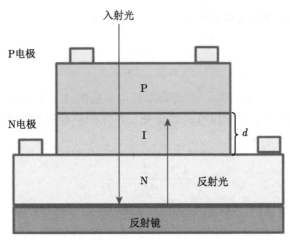

图 6.2　基于反射镜的 PIN 光探测器的结构示意图

6.1.3　结构设计与仿真

基于亚波长会聚反射镜的 PIN 光探测器的结构示意图如图 6.3 所示。该器件是由 InGaAs/InP PIN 光探测器和具有光束会聚特性的亚波长高折射率光栅反射镜集成的。前面几章已经研究了具有光束会聚特性的条形、同心环高折射率差光栅反射镜的理论仿真与实验测试。本节将研究这两种具有光束会聚特性的高折射率差光栅结构与 PIN 光探测器的集成。其工作原理如下：入射光垂直入射到光探测器上，经过在 InGaAs 吸收层的吸收，没有被吸收的光被高折射率差光栅反射而再次经过吸收层，从而提高了光的吸收效率。整个过程利用了光束会聚型的高折射率差光栅反射镜来增强光的吸收，进而提高光探测器的量子效率。

PIN 光探测器的外延结构如图 6.3 所示，在 InP 衬底上使用金属有机化学气相沉积法 (MOCVD) 生长光探测器结构 [12,13]。吸收层和 P 型接触层使用的是 $In_{0.53}Ga_{0.47}As$ 材料。值得注意的是，结构中采用 $In_{0.52}Al_{0.48}As$ 作为电子阻挡层，$In_{0.52}Al_{0.48}As$ 比 InP 更适于作为电子阻挡层，是因为 $In_{0.52}Al_{0.48}As$ 与 $In_{0.53}Ga_{0.47}As$ 之间的导带差大于 InP 与 $In_{0.53}Ga_{0.47}As$ 之间的导带差，而前者的价带差比后者的价带差更小，所以更利于阻挡光生电子向 P 极扩散，且能更加有效地收集光生空穴，可以进一步提高器件的性能。

设吸收系数为 $0.6486\ \mu m^{-1}$，光探测器的吸收层厚度为 600 nm。根据式 (6.2) 和式 (6.6)，这里仿真了在 2 V 和 3 V 偏压下输入功率与输出光电流之间的关系，以及不加反射镜和加入 99% 反射镜的响应度。图 6.4 (a) 表明，在 2 V 偏压下，不加反射镜和加入 99% 反射镜时，仿真得到的响应度分别为 0.38 A/W 和 0.632 A/W。图 6.4 (b) 表明，在 3 V 偏压下，不加反射镜和加入 99% 反射镜时的响应

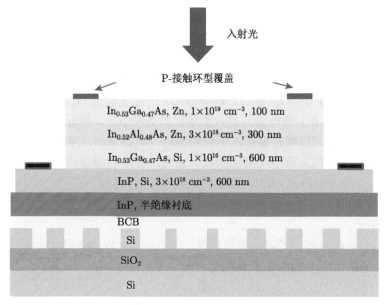

图 6.3 基于高折射率差光栅的 PIN 光探测器的结构示意图

度分别为 0.403 A/W 和 0.673 A/W。从两图中可以看出，加入反射镜后，提高了光的吸收效率，从而提升了光探测器的响应度。

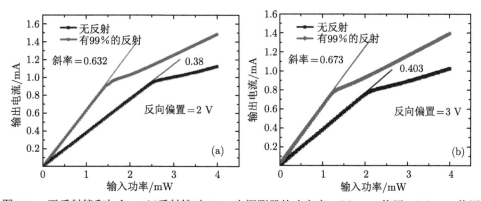

图 6.4 无反射镜和加入 99% 反射镜时 PIN 光探测器的响应度：(a) 2 V 偏压；(b) 3 V 偏压

6.1.4 PIN 光探测器的制备

PIN 光探测器的制备工艺过程主要包括外延片清洗、紫外光刻、化学湿法腐蚀、磁控溅射镀电极、预固化、开孔、镀金属大电极等几个步骤。详细的制备工艺流程如下所述[14]。

(1) 清洗。把 InGaAs/InP PIN 光探测器结构的外延片清洗干净：依次用丙酮、酒精分别清洗 3 次，放在水中清洗 7~8 次，取出来放在烘箱中烘干。

(2) 制作 P 电极。产生 P 电极位置的小孔：先把外延片放在甩胶机上，分别使用快甩和慢甩两个甩胶过程在外延片上均匀地涂覆 AZ5214E 光刻胶，首先以 1000r/s 的速度慢甩 6~9 s。然后，以 4000r/s 的速度快甩 30 s。甩胶结束后，取出来烘干 100 s。然后，将外延片放入准备好的掩模版上，进行正负反转胶工艺曝光。曝光结束后将其放置在显影液中洗胶 50 s，取出来清洗吹干，确保小孔位置除胶彻底，用去胶机去除小孔周圈的胶。这时，使用利用磁控溅射镀电极，利用磁控溅射工艺镀 Pt-Ti-Pt-Au。镀电极结束后，用丙酮清洗外延片，让电极周围被溅射上的 Pt-Ti-Pt-Au 随下面的光刻胶一起被洗掉，然后取出来，用酒精和水清洗，并烘干。

(3) P 型接触层和电子阻挡层的腐蚀。先把外延片放在甩胶机上，分别使用快甩和慢甩两个甩胶过程在外延片上均匀地涂覆 AZ5214E 光刻胶，首先以 1000r/s 的速度慢甩 6~9 s。然后，以 4000r/s 的速度快甩 30 s。甩胶结束后，取出来烘干 100 s。然后，外延片放入准备好的掩模版，进行正胶工艺曝光。曝光结束后，放置在显影液中时间 50 s，取出来清洗，吹干。以上操作完成，用湿法腐蚀方法进行腐蚀。腐蚀可以分为两个步骤：第一步，腐蚀第一层的 InGaAs，用 HCl 和 H_2O 比例为 3:1 的腐蚀液进行腐蚀，清洗后烘干；第二步，腐蚀第二层的 $In_{0.52}Al_{0.48}As$，用 H_3PO_4、H_2O_2、H_2O 比例为 1:1:8 的腐蚀液进行腐蚀，清洗后烘干。

(4) 腐蚀有源层结构。光刻过程与第 (3) 步完全一样。腐蚀 I 层的 InGaAs：用 H_2SO_4、H_2O_2、H_2O 比例为 1:1:2 的腐蚀液进行腐蚀，清洗后烘干出现了 N 层。

(5) 制作 N 电极。利用正胶工艺，工艺同 P 电极的制作流程。

(6) 腐蚀 N 型接触层结构。这一步骤的光刻过程与第 (3) 步相同。结束这个操作后，开始腐蚀第二层的 InP，用 HCl 和 H_3PO_4 比例为 1:1 的腐蚀液进行腐蚀，清洗后烘干。

(7) 镀金属大电极。把聚酰亚胺和三羟基甲基烷涂在外延片上，放在甩胶机上甩，速率为 3000r/s，取出来放在 160 ℃ 的退火炉中预固化 2 h，然后用正负反转胶工艺光刻，并在显微镜下开小孔。开孔后，分别用丙酮、酒精、水洗去光刻胶。在 250 ℃ 的退火炉中固化在小孔位置，用去胶机除胶，使用磁控溅射镀电极。最后，分别用丙酮、酒精清洗外延片。至此，PIN 光探测器的制备就完成了。

6.1.5　苯并环丁烯树脂键合技术

苯并环丁烯 (BCB) 树脂是一种聚合物，因其具有非常良好的透光特性和高强度的黏合性，而被用来作为聚合物键合技术的键合介质。BCB 树脂具有退火温度较低、键合强度大且基本不吸收光等优点，广泛用于光器件集成 [15−17]。

本节主要将基于 SOI 晶片的条形、同心环高折射率差光栅会聚反射镜与 PIN 光探测器集成。基于 SOI 晶片的高折射率差光栅结构与 BCB 聚合物键合的工艺流程如下所述。首先，将浓硫酸和过氧化氢按 3:1 的比例配制成混合溶液。将 SOI 高折射率差光栅放入混合溶液中加热，沸腾 5 min 后自然冷却，然后将光栅取出，再用超声处理，最后用氮气吹干；待清洗干净之后，在保持晶片洁净的情况下将晶片烘干；使用甩胶机在 SOI 光栅以 3000r/min 的转速均匀旋涂黏附剂 AP3000。涂覆结束后，马上将 SOI 光栅放在 95 ℃ 的恒温炉上预热 2 min；最后进行软烘，把 SOI 光栅放在氮气烘箱中，在 30 min 内由 50 ℃ 升温至 170 ℃，然后在 170 ℃ 保持 40 min。待预固化结束后，对 SOI 光栅重新涂覆 BCB 树脂，涂覆步骤同上，之后利用模具对 SOI 光栅和 PIN 光探测器进行键合，持续加温使温度升高到 250 ℃ 以上，保温 1 h，然后退火处理。至此，BCB 键合工艺完成。基于此工艺流程，这里分别制备了与条形、环形高折射率差光栅集成的 PIN 光探测器。图 6.5 为制备的 PIN 光探测器的光学显微镜图，以及条形、同心环高折射率差光栅的光学显微镜图。

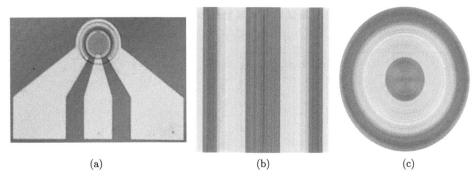

(a)   (b)   (c)

图 6.5   光学显微镜图：(a) PIN 光探测器；(b) 条形高折射率差光栅；(c) 同心环高折射率差光栅

6.1.6   量子效率的测试

图 6.6 是搭建的测试集成 PIN 光探测器的实验系统。以具有单模光纤 (SMF) 尾纤的 Anritsu Tunics SCL 可调谐激光器作为光源，采用顶部垂直入射的方式。利用光源计测试光探测器的信号。最后由计算机通过 GPIB 接口采集同步的测试结果。

基于以上测试系统，首先在 1550 nm 波长下测试直径为 180 μm 的大面积 PIN 光探测器，来分析在 2 V 和 3 V 反偏电压下，无反射元件、与条形高折射率差光栅集成、与同心环高折射率差光栅集成，以及与 99% 反射镜集成时，输入功率与输出光电流、响应度的关系。图 6.7 为 2 V 和 3 V 偏压下，不同的输入功率与输出光电流的关系，从图中可以看出，与 99％反射镜集成的光探测器，其光电流增加最快、响应度最高，与同心环高折射率差光栅集成的器件次之，与条形高折射率差光栅集成的器件提升最小。结果表明，在大面积器件中，由于高折射率差光栅会聚光斑小于吸收区面积，反射光全部被吸收到吸收层，所以反射率最高的集成器件得到的响应度最大。以上得出，无源反射元件与光探测器集成可以提高光探测器的响应度。测得 2 V 和 3 V 偏压下，与 99％反射镜集成的光探测器的响应度分别为 0.589A/W 和 0.606A/W，小于图 6.4 中的理论计算的响应度。

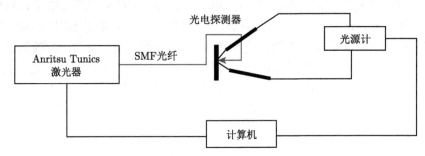

图 6.6　测试集成 PIN 光探测器的实验系统

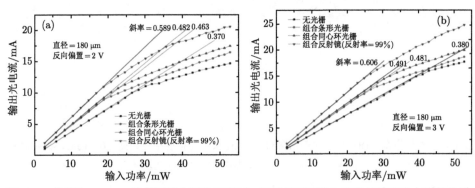

图 6.7　直径为 180 μm 光探测器在四种情况下，得到的不同输入功率与输出光电流的关系：
(a) 2 V 偏压；(b) 3 V 偏压

　　以没有无源反射元件及加入 99％反射镜时的数据为参考，计算同心环光栅的反射率，得到 2 V 时的反射率为 49％，3 V 时的反射率为 51％；计算条形光栅的反射率，得到 2 V 时的反射率为 42.46％，3 V 时的反射率为 44.69％，两种光栅都存在约 2％的差值，是由偏压对光探测器性能的影响导致的。至于测得反射率与第 5 章测得数值有一定差异，其原因是，在测试集成探测器时，为了更好地比较测试结果，入射光统一使用混合偏振光，而条形光栅和同心环光栅的偏振方向分别为 TM 偏振和径向偏振,所以以这种方式测得的两种光栅的反射率只有原来测试的反射率的 1/2。

　　图 6.7 是测试的不同情况下的响应度,根据式 (6.3),量子效率可通过响应度转换得到。使用波长范围为 1460~1610 nm 的可调谐激光器作为光源,测得 3 V 偏压下四种器件的量子效率,如图 6.8 所示,可以看到 PIN 光探测器在 1.46 mW 入射光下,不同波长与四种探测器的量子效率的变化关系,得出与 99% 反射镜集成、与同心环高折射率差光栅集成、与条形高折射率差光栅集成的器件的量子效率分别为 0.45641、0.36824、0.33637,与不加反射元件的光探测器 (量子效率为 0.31489) 相比,分别提高了 44.94%、16.94%、6.82‰。

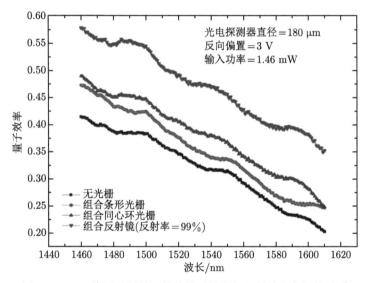

图 6.8　3 V 偏压下四种器件的量子效率与入射功率之间的关系

　　使用相同的测试方法,测试不同直径的光探测器分别在无反射元件、与 99% 反射镜集成、与条形高折射率差光栅集成、与同心环高折射率差光栅集成四种情形下器件对应的响应度,如图 6.9 所示。从图中可以看出:① 没有无源反射元件时,探测器的响应度随着器件直径的减小而先增加后降低;② 反射元件对器件响应度的提高随着光探测器直径的减小而增加;③ 相对于反射率为 99% 的反射镜,光栅对光探测器响应度的提升随着光探测器直径的减小而增加。其主要原因:直径从 180 μm 到 50 μm,单模光纤与光探测器的耦合损耗基本相同,然而光探测器的直径较大时,器件的串联电阻也较大,载流子被收集所经过的路程变长,所以探测器在这个范围内,其响应度随着器件直径的减小而增加;当探测器的直径小于 50 μm 时,光耦合损耗加剧是导致响应度随着器件直径的减小而减小的主要因素。

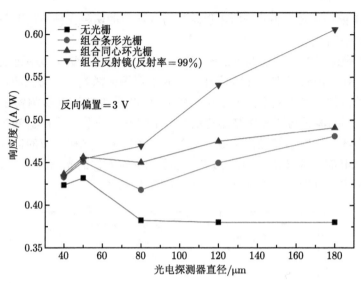

图 6.9　不同直径的光探测器分别在四种情形下对应的响应度

　　为了很好地说明反射元件对光探测器的影响，这里分别给出了条形高折射率差光栅、同心环高折射率差光栅与 99% 反射镜对不同直径光探测器响应度的提升的关系，如图 6.10 所示。从图中可以看出，反射元件对器件响应度的提高随着光探测器直径的减小而增加，在直径为 40 μm 和 50 μm 时，三种反射元件对器件响应度的提升基本相同，从而也说明了条形、同心环高折射率差光栅的光栅会聚特性。

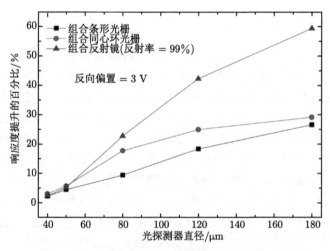

图 6.10　响应度的提升与光探测器直径的关系图

从以上的测试结果来看，在直径为 40 μm 和 50 μm 的器件中，高折射率差光栅会聚反射镜对器件响应度的提升最好，反射率提高得最多，会聚特性体现得最明显。在 1460~1610 nm 范围内测得 3 V 偏压下直径为 40 μm 的四种器件的量子效率，如图 6.11 所示。从中可以看出，由于高折射率差光栅的光束会聚特性，与条形光栅、同心环高折射率差光栅集成的器件，其量子效率高于与 99% 反射镜集成的器件。在 1550 nm 波长处，无反射元件的光探测器的量子效率为 0.29589，与条形高折射率差光栅集成的光探测器、与同心环高折射率差光栅集成的光探测器，以及与 99% 反射镜集成的光探测器，其量子效率分别为 0.37527、0.37625 和 0.35227，与无反射元件的光探测器相比，分别提高了 26.83%、27.16% 和 19.05%。

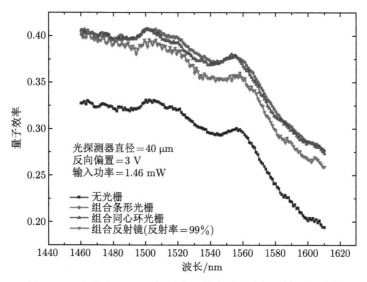

图 6.11 直径为 40 μm 的四种器件在不同波长下的量子效率

6.1.7 响应带宽的测试

这里利用 Agilent E8363C 网络矢量分析仪以及 Anritsu Tunics SCL 可调谐激光器对集成光探测器的频率响应特性进行测试。测试实验系统框图如图 6.12 所示，激光器作为光源输出 1550 nm 的光，经过强度调制器的信号由微波探针以顶部垂直入射的方式照射到光探测器，然后将光探测器的输出电信号传输给网络矢量分析仪，从而从网络矢量分析仪上得到该器件的 3 dB 带宽。

在外加反向偏压为 3 V 时，测试了直径为 40 μm 的集成光探测器的 3 dB 带宽，如图 6.13 所示。在偏压为 3 V 时，9.9 mA 光电流下的 3 dB 带宽约为 22 GHz。

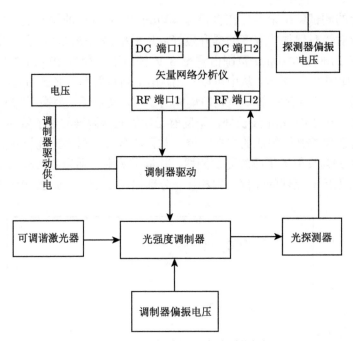

图 6.12　3dB 带宽测试实验系统框图

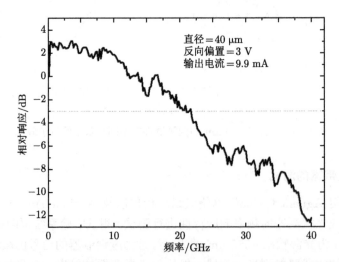

图 6.13　光探测器直径为 40 μm, 反偏电压为 3 V 时的响应带宽

6.2　基于二维超结构功分器的 PIN 光探测器阵列

随着对大容量光通信网络和射频光传输 (RoF) 系统需求的日益增加, 高速大

功率光探测器成为必不可少的光通信器件[18]。通常，应该减小 PIN 光探测器的直径和吸收层厚度，以便减小器件的电容和载流子渡越时间，从而实现高速特性。但是，小而薄的有源区将引起高的光电流密度和载流子浓度，并导致较大的空间电荷效应和较低的饱和电流，这限制了其在大功率模拟光纤链路中的应用。虽然反向偏置电压的增加会减弱空间电荷效应，但是，由于高偏压带来的发热量的增加，器件的热效应成为限制器件高速及饱和特性的重要问题。

为了解决以上问题，几种不同结构的分布式光探测器阵列被提出。分布式光探测器阵列将入射信号光分散在数个独立光探测器上进行吸收并将其输出电信号进行叠加，克服了单个光探测器的吸收层厚度制约问题。分布式光探测器阵列包括垂直耦合[19]和波导耦合[20]两种耦合方式。垂直耦合型光探测器阵列的光耦合方式为光纤阵列式耦合，这种耦合方式相较于单个光探测器的光纤耦合方式，成本更高且更加复杂；而波导耦合型光探测器阵列的光耦合方式相较于垂直耦合，效率较低，耦合损耗太大。我们提出一种与高折射率差分束光栅混合集成的光探测器阵列，旨在克服单一光探测器及传统光探测器阵列的缺点，实现高速、高效率、高饱和等特性。

6.2.1 集成 PIN 光探测器阵列结构设计

图 6.14 是与 SOI 衬底上的二维亚波长高折射率差光栅功分器集成的并联光探测器阵列结构。其包括如下结构：具有分束功能的二维高折射率差光栅、并联光探测器阵列，以及高折射率差光栅与光探测器阵列之间的 BCB 键合介质层。混合集成光探测器阵列中的光探测器阵列部分由两个在外延结构上相互独立的 PIN 光探测器组成，光探测器阵列中的光探测器之间通过化学刻蚀至半绝缘衬底，从而

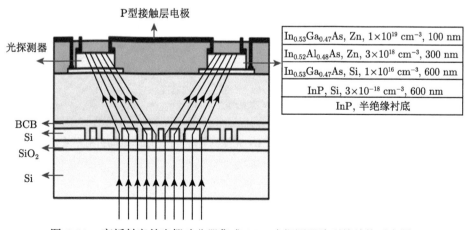

图 6.14 高折射率差光栅功分器集成 PIN 光探测器阵列的结构示意图

达到相互隔离。其工作原理如下：混合集成光探测器阵列中的光探测器结构为垂直耦合型光探测器，入光方向为衬底入光，被亚波长分束光栅分束的光束斜入射至光探测器吸收层，实际上增加了光探测器的吸收长度；使得光探测器阵列中的光探测器相比于普通垂直耦合型光探测器拥有较高的响应度与量子效率。

6.2.2　PIN 光探测器阵列的制备

本节主要利用 BCB 键合工艺将二维亚波长高折射率差光栅功分器与并联 PIN 光探测器阵列集成。并联光探测器阵列中的光探测器在半绝缘 InP 衬底上生长相同的 PIN 型外延结构。两个独立光探测器的有效面积的直径为 20 μm。光探测器采用标准半导体制造工艺制造，包括光刻、湿化学蚀刻和接触电极的磁控溅射，其制备工艺过程与第 5 章制备 PIN 光探测器的步骤基本一致。在形成光探测器台面和接触电极之后，将一层聚酰亚胺作为钝化层旋涂在晶片上并进行热处理。然后在无源层的顶部蒸发沉积共面波导 (CPW) 作为电极以连接两个光探测器。CPW 中心导体的宽度为 20 μm，相邻两个光探测器之间的间距为 250 μm。并联 PIN 光探测器阵列及高折射率差光栅分束器结构的光学显微镜图分别如图 6.15(a) 和 (b) 所示。在 BCB 键合过程 [21−23]，光探测器的半绝缘衬底，以及高折射率差光栅的硅衬底均经过减薄抛光处理，可以提高键合质量，从而减少光探测器与键合介质之间的反射损耗，还减少其与空气之间的反射损耗。抛光后的最终厚度应当由光探测器阵列尺寸及光栅分束的角度确定。还可以在光栅衬底上蒸镀减反射膜，进一步降低反射损耗。

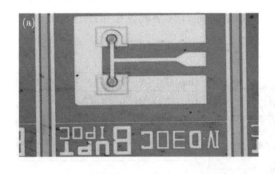 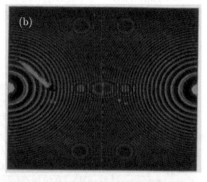

图 6.15　光学显微镜图片：(a) 并联 PIN 光探测器阵列；(b) 二维高折射率差光栅功分器

6.2.3　实验测试与分析

1. 直流响应测试

这里采用背面入光方式和正面入光方式分别测试与高折射率差光栅分束器集

成的 PIN 光探测器阵列器件和 PIN 光探测器阵列。测试系统如图 6.6 所示。使用 Anritsu Tunics SCL 可调谐激光器作为光源，经 GSG 微波探针后由源表测得光探测器阵列的信号。采用背面入光方式测试与高折射率差光栅功分器集成的 PIN 光探测器阵列，高折射率差光栅功分器将光源的功率平均分配，并作为光探测器阵列的光源。经高折射率差光栅分出的两束光斜入射到光探测器吸收层，增加了吸收层的吸收长度。在测试 PIN 光探测器阵列时，使用光纤分路器将调制/外差光源的功率均匀分配，并将其馈送到两个光纤探头中。这里分别测试了 1550 nm 波长下的两种器件在反偏电压为 5 V 时，输入光功率与输出光电流的关系，如图 6.16(a) 所示。从图中可以看出，与光栅功分器集成的 PIN 光探测器阵列和与光纤耦合的 PIN 探测器阵列，其响应度分别为 0.26 A/W 和 0.54 A/W。出现这种情况的原因可能有两种，一种是由于器件的多层结构而产生的界面太多，所以反射损耗大；第二种是光栅分束后的光斑较大，FWHM 大约为 100 μm，从而使得进入光探测器中的光减少，如图 6.16(b) 所示。

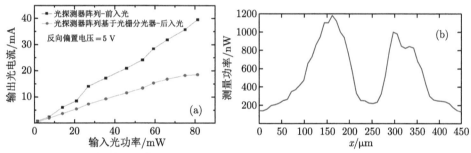

图 6.16　(a) 与光栅功分器集成的 PIN 光探测器阵列和 PIN 光探测器阵列在 5 V 偏压下输入光功率和输出光电流的关系；(b) 高折射率差光栅功分器的测试结果

2. 交流响应测试

本节使用光学外差系统来测量制备的单个光探测器、PIN 光探测器阵列，以及与高折射率差光栅分束器集成的 PIN 光探测器阵列的饱和性质，测试系统框图如图 6.17 所示。该系统可以提供 100% 调制深度的信号。在系统中使用掺铒光纤放大器 (EDFA) 和可调谐衰减器来改变光馈电功率。然后将被测设备的输出信号由偏置三通分流为直流光电流和射频信号，并分别由源表测量。

这里通过在减小衰减的同时测量电输出功率和光电流，来表征光探测器阵列的饱和特性。光探测器阵列的拍频设为 12 GHz，反偏电压设置为 3 V。通过测试，得到如图 6.18 所示的光探测器阵列、与分束光栅集成的光探测器阵列，以及单个光探测器的光电流与射频 (RF) 功率关系。PIN 光探测器阵列的饱和电流为 66 mA，相应的 RF 功率为 3.04 dBm。与高折射率差光栅分束器集成的 PIN 光探测器阵列的饱和电流为 64 mA, RF 功率为 3.0 dBm。单个光探测器的饱和电流为 32 mA, RF 功率为 −2.36 dBm。可以看出, 与高折射率差光栅分束器集成的 PIN 光探测器阵列同 PIN 探测器阵列的结果几乎一致, 都好于单个 PIN 光探测器。

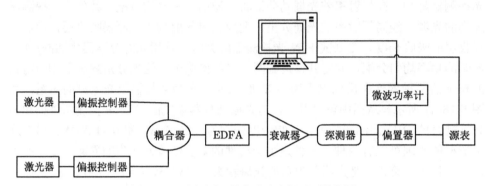

图 6.17　光探测器的交流响应测试系统框图

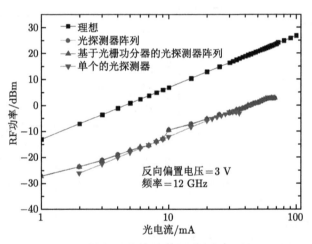

图 6.18　光电流与 RF 功率的关系

为了更好地说明光探测器阵列的高功率和高饱和特性, 这里分别测试了相同条件下的小信号和大信号的频率响应。图 6.19(a) 显示了 PIN 探测器阵列、与高折射率差光栅分束器集成的 PIN 光探测器阵列和单个 PIN 光探测器三种器件在反偏电压为 3 V、光电流为 1 mA 的情况下得到的小信号频率响应。在相同的总入射光功率和调制深度的情况下, 单个光探测器比并联光探测器阵列、与光栅分束器集成的光探测器阵列, 高 0.5∼ 1 dB 的 RF 功率, 表明 CPW 电极也引入额外的 RF 信号损失。图 6.19(b) 是三种器件在反偏电压为 3 V、光电流为 40 mA 的大信号频率响应。从图中可以明显看出, 光电流为 40 mA 时, 单个光探测器的

RF 功率下降得很快，而两种光探测器阵列保持很好的响应，从而证明了光探测器阵列的大功率和高饱和特性。

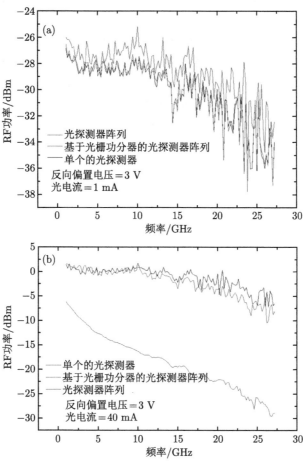

图 6.19　(a) 反偏电压为 3 V、光电流为 1 mA 时，三种器件的小信号频率响应；(b) 反偏电压为 3 V、光电流为 40 mA 时，三种器件的大信号频率响应

6.3　基于同心环高折射率差光栅反射镜的 UTC 光探测器

6.3.1　单行载流子光探测器

对于 PIN 结构的光探测器来说，在高光强注入产生较大的光生电流时，PI 及 IN 异质结构面附近的势垒对电荷移动的阻碍效果将显著增加，此时光生非平衡载流子在两个异质结构面附近堆积。此时随着光电流的增加，在结面堆积的载流子将削弱耗尽区内原电场，进一步降低耗尽区内载流子漂移速度。此外，由于

空穴漂移速度较低，PIN 光探测器的频率响应在很大程度上受空穴在耗尽层中的漂移时间所限制，提升空间有限。

为进一步改善光探测器的大功率响应及高速响应，日本 NTT 实验室的 Ishibashi 等于 1997 年提出单行载流子 (uni-travelling-carrier, UTC) 光探测器结构 [24]。对于应用于光纤通信系统的长波长 InGaAs/InP 材料系光探测器来说，UTC 结构光探测器利用一个 P 掺杂的 InGaAs 吸收层和一个本征的 InP 收集层替代了 PIN 结构光探测器中的本征 InGaAs 吸收层，如图 6.20 所示。在 UTC 结构光探测器中，入射光子在 P 掺杂的吸收层中被吸收，光生空穴迅速弛豫，而漂移速度高的光生电子则扩散入耗尽的收集层，并在耗尽区内电场及外加电场的共同作用下快速漂移过收集层，即在 UTC 光探测器中，只有高速移动的光生电子为有效载流子。这种结构大大缩减了载流子在光探测器中的渡越时间，同时减少了空间电荷的堆积，极大地提升了光探测器的响应功率和响应带宽。

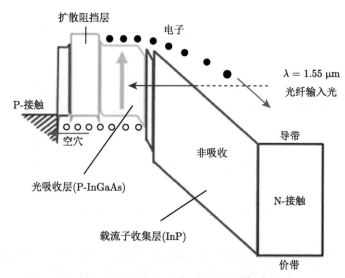

图 6.20　UTC 光探测器能带结构图

6.3.2　基于同心环光栅反射镜的 UTC-PD

在长波长范围内，可以实现高速和高响应度的光探测器已被广泛用于无线通信系统、宽带光通信系统以及高频测量系统中。UTC-PD 仅利用电子作为有源载流子，很容易同时实现高速和高饱和输出等特性，因此无论是在科学研究还是在广泛的应用等方面都引起了广大学者浓厚的兴趣。此外，高速 UTC-PD 还需要高响应度特性,防止高速信号在传输过程中出现波形失真,从而达到降低系统总功耗的目的。因此,采用更先进的方法实现 UTC-PD 的带宽和响应度特性的同时提高,是非常重要和有意义的。例如,文献 [25] 和文献 [26] 通过把 UTC-PD 的吸收层厚度和吸收区面积,分别从 86 nm、13 μm² 逐渐缩小到 30 nm、5 μm²,在 1.55 μm 波长处分别实现了 235 GHz 和 310 GHz 的 3 dB 带宽,但是器件的响应度却从 0.126 A/W 减小到 0.07 A/W。为了获得更高的响应度,还有文献中提到将 UTC-PD 的 InGaAs 吸收层厚度增加到 1.2 μm,该器件实现了高达 1.0 A/W 的响应度,但是在低光电流下,却仅仅获得了 9 GHz 的 3 dB 带宽。由此可见,如何平衡 UTC-PD 的带宽与响应度之间的 "相互制约关系",已成为当前光探测器性能研究的一个非常活跃以及非常受欢迎的领域。

近年来,多种新型的 UTC-PD 结构已经被研究者提出,来实现其带宽和响应的相互制衡这一难题。一种是具有波导结构的 UTC-PD(WG-UTC-PD),该结构通过增加波导的长度实现对入射光有效吸收长度的增加,因此可以在不牺牲器件带宽的情况下提高其响应度特性。另一种是单片或准单片集成垂直双台面 (VDM) 结构的 UTC-PD,该结构使用不同的反射镜来增加入射光通过吸收层的长度。图 6.21 总结了众多学者提出的新型 UTC-PD 结构,并给出了其响应度与吸收层厚度之间的对比关系。从图 6.21 可以看出,波导型的 UTC-PD 结构有:近弹道型 UTC-PD[27],倏逝型 WG-UTC-PD[28],SOI 基板上的 WG-UTC-PD[29],金刚石上硅基板 [30] 上的 WG-UTC-PD,以及集成在 SOI 上的纳米型 WG-UTC-PD[31]。与波导结构的 UTC-PD 相比,某些 VDM 结构也显示出优异的响应度特性,例如谐振腔增强的 UTC-PD[32],集成了全反射镜的六角形双台面结构的 UTC-PD (TR-UTC-PD)[33],背对背 UTC-PD[34],电荷补偿改进型 UTC-PD[35] 以及高反射率的 UTC-PD[36]。以上这些结构,均是在不牺牲带宽性能的前提下,通过优化实现不同类型的结构,达到实现其相对较高的响应度的目的。但是,以上结构中,有的结构也会出现许多问题,比如 DBR 的外延生长时间和成本,与器件单片集成制造的复杂性,波导集成器件测量过程中的耦合等问题。

此外,文献 [37] 和文献 [38] 报道了周期型带状图案高折射率差光栅,用来代替传统的 DBR,也可以实现等效的反射率特性。与 DBR 相比,周期型带状高折射率差光栅在实现等效反射率的同时还可以潜在地降低外延层的厚度,并简化了后续器件的制备步骤 [37,38]。到目前为止,周期型带状高折射率差光栅已与光电器件实现了广泛的集成,例如垂直腔表面发射激光器 (VCSEL),可调 VCSEL,可调滤波器,高 Q 光学谐振器和低损耗空心波导。此外,具有带状图案、块状图案、圆柱形图案和球形图案的非周期性高折射率差光栅还可以实现高反射率、光束偏转、光束会聚以及光电集成 [39-41]。此外,另一种类型的周期或非周期同心圆形高折射率差光栅不但可以实现高反射率,而且还可以实现会聚特性,易于实现硅基光电器件的晶片级集成。

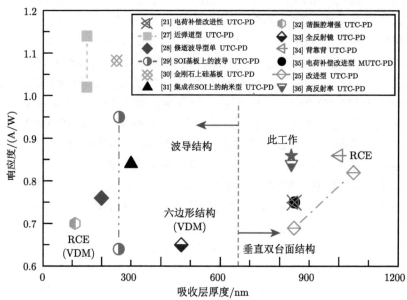

图 6.21   不同类型 (线颜色) 的 UTC-PD 结构的响应度与吸收体厚度的汇总 (VDM：垂直双
台面)

6.3.3   结构设计与仿真

本节提出了一种高聚焦反射镜 (FR) 型单行载流子光探测器 (FR-UTC-PD) 结构，该结构采用晶片键合技术实现，在不牺牲 UTC-PD 带宽性能的前提下还可以提高其响应度特性，其结构示意图和外延层如图 6.22(a) 所示。由图 6.22(a) 可以看出，UTC-PD 结构与 SOI 衬底上的非周期型同心环高折射率差光栅 (NP-CC-HCG) 反射镜集成在一起。FR-UTC-PD 的高速和高响应特性分别通过 UTC-PD 和 FR NP-CC-HCG 反射镜同时实现。因此，可以通过精心设计 UTC-PD 结构中更薄的 InGaAs 吸收层以减少载流子通过时间，同时缩小吸收面积以产生更小的电阻电容 (RC) 时间常数，通过这两个方面的设计，可以实现更高的器件带宽。另外，由上述因素引起的 UTC-PD 较低的响应度特性，可以通过设计 SOI 基板上的 NP-CC-HCG 反射镜去补充。

NP-CC-HCG 反射镜及其 FR 聚焦装置如图 6.22(a) 和 6.22(b) 所示。从图 6.22(a) 看出，NP-CC-HCG 反射镜由一组被空气和底部相邻的 SiO_2 层包围的非周期型同心圆形 Si 光栅单元组成。折射率为 3.48 的 500 nm 厚的 Si 光栅用作高折射率层，折射率为 1.46 的 500 nm SiO_2 代表低折射率层，空气的折射率为 1。NP-CC-HCG 反射镜的反射强度取决于高折射率层和低折射率层之间的差，即折射率差越大，反射强度就越大。此外，光栅厚度 (t_{g})，周期 (L) 和占空比 (η，定义为光栅宽度除以光栅周期) 共同决定了 NP-CC-HCG 反射镜的光学特性 (如相位和反射率)。由于我们的设计中光栅厚度固定，所以光栅周期和占空比是影响光学性能的主要因素。同时，与使用固定的光栅周期和占空比实现光学特性的周期型 CC-HCG 镜不同，NP-CC-HCG 反射镜通过波前相位控制实现以上特性，即通过自适应地修改局部光栅周期和占空比来获得同心圆环形光栅的非周期特性。因此，当总相位分布满足公式 (6.7) 时，NP-CC-HCG 镜的反射光将实现一个会聚光斑：

$$\phi(x) = \frac{2\pi}{\lambda}\left(f + \frac{\phi_{\max}}{2\pi}\lambda - \sqrt{x^2 + f^2}\right) \tag{6.7}$$

其中，f 是焦距；λ 是波长；x 是沿 NP-CC-HCG 反射镜的半径方向的距离；$\phi_{\max}$ 是最大相位变化 (NP-CC-HCG 中心和边缘之间的相位差)。

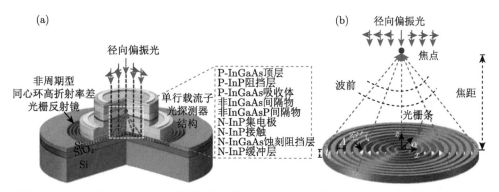

图 6.22　(a) FR-UTC-PD 的横截面示意图，由位于 SOI 的 NP-CC-HCG 反射镜和顶部 UTC-PD 外延结构组成；(b) 位于图 (a) 白色虚线框中的典型 NP-CC-HCG 反射镜结构和通过波前控制实现的 FR 特性

　　这里，沿 x 方向，通过公式 (6.7) 计算出 NP-CC-HCG 反射镜的理想相位分布，并模拟了每个设计的离散同心环光栅的实际相位分布，所得结果如图 6.23(a) 所示。显然，沿 x 方向的离散光栅条与理论计算结果完全吻合。此外，对预设焦距为 12 μm(避免重复计算以及数据冗余) 的 NP-CC-HCG 反射镜，利用 COMSOL 基于有限元法对其 FR 特性进行了建模和仿真，结果如图 6.23(b) 所示。显然，沿 z 轴的焦点为 11.65 μm，与 12 μm 的预设值基本吻合。此外，反射会聚平面处场分布的 FWHM 为 0.8701 μm，而反射平面处的 FR 效率为 92.1‰。

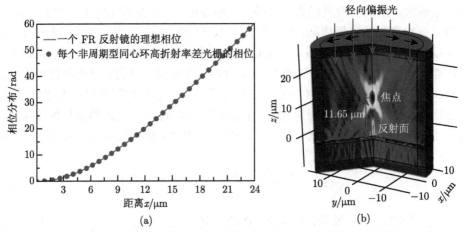

图 6.23   NP-CC-HCG 的 (a) 相位分布的计算结果 (红线) 和模拟结果 (蓝色实心圆)，以及 (b)FR 性能模拟，其中预设焦距为 12 μm

6.3.4   实验测试与分析

为了进一步研究 FR 的聚焦反射能力，这里制备了直径为 500 μm，焦距为 400 μm 的 NP-CC-HCG 反射镜，其中图 6.24(a) 和 (b) 给出了其不同位置的 SEM 图像。此外，图 6.24(c) 展示了 NP-CC-HCG 反射镜在波长为 1.55 μm 的径向偏振光和输入功率为 3.56 mW 时的 FR 性能，以反射会聚焦点平面处的功率分布表示。显然，反射光功率沿 x 方向近似呈现高斯分布，并且峰值位于 NP-CC-HCG 反射镜的中间位置，这表明该反射镜具有出色的会聚特性。其中，焦点处的最大反射功率为 463.5 μW，FWHM 约为 140 μm，而与 UTC-PD 集成后的 FR 实现了 84.59% 的聚焦反射率。

UTC-PD 结构主要由 640 nm 厚的 P 型 InGaAs 吸收层、200 nm 厚的耗尽型 InGaAs 吸收层和 500 nm 厚的 N 型 InP 集电层组成。通过传统的光刻和湿法刻蚀技术可以实现其 VDM 结构，它的共面波导电极位于聚酰亚胺钝化层之上，用于其高频性能测量。FR-UTC-PD 是基于微米级厚度的厚苯并环丁烯 (BCB) 材料通过准单片集成而实现的。但是，由于工艺原因，NP-CC-HCG 反射镜的焦距限制为 400μm，因此在晶片集成之前要仔细考虑需要去除的 InP 衬底厚度以及 BCB 黏合层的厚度。值得一提的是，BCB 黏合层应等于或大于 500 nm，以防止由圆形光栅厚度不均匀引起的干扰，从而影响反射光的聚焦位置。整个黏合过程是在氮气环境中进行的，之后等黏合腔的温度降至室温时取出准单片集成的 FR-UTC-PD，并在室温下完成其后续性能的测量。

图 6.25(a) 给出在 3.0 V 偏置电压和 1.55 μm 波长激发下，UTC-PD 和 FR-UTCPD 的输出光电流与输入功率的关系。可以看出，输出光电流随着输入功率

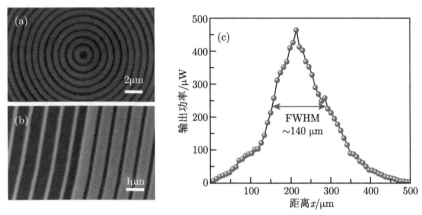

图 6.24 NP-CC-HCG 反射镜 (a) 中心位置和 (b) 非周期性位置的 SEM 图像;(c) 以功率
分布表示的 NP-CC-HCG 反射镜的 FR 特性

的增加而单调增加,直至达到饱和点,而线性部分则揭示了两者的响应度特性。对于 UTC-PD 和 FR-UTCPD,响应度分别为 0.63 A /W 和 0.86 A /W。与没有 NP-CC-HCG 反射镜的 UTC-PD 相比,FR-UTC-PD 的响应度提高了 36.5%,这是因为 NP-CC-HCG 反射镜使得 FR-UTC-PD 获得的入射光有效吸收效率几乎是 UTC-PD 的两倍。通过测量 UTC-PDFR-UTC-PD 的响应度,与 FR-UTC-PD 准单片集成的 NP-CC-HCG 反射镜的实际反射率为 63%:

$$r = \left(\frac{R}{R_0} - 1 \right) e^{\alpha d}$$

其中,R_0,R 分别是 UTC-PD 和 FR-UTC-PD 的响应度;α,d 分别是 In$_{0.53}$Ga$_{0.47}$As 层的吸收系数和有源层的厚度;r 是 NP-CC-HCG 反射镜的反射率。显然,与黏合之前的 NP-CC-HCG 镜的测量值 (84.59%) 相比,黏合和测量过程可能会造成 21.59% 的入射光损失。因此,通过合理设计 NP-CC-HCG 反射镜的焦距,或精确控制 BCB 黏合层的厚度以及 InP 衬底的去除厚度,使反射光可以被 UTC-PD 的吸收层完全吸收,还可进一步提高 FR-UTC-PD 的响应度。另外,通过在顶层 (即器件入射光面) 上沉积单层 SiO$_2$ 或 SiN$_x$,或双层 SiO$_2$/SiN$_x$ 抗反射层以减少光反射损耗,也是提高响应度的有效方法。

图 6.25(b) 显示了在不同偏置电压下,对直径为 40 μm 的 FR-UTC-PD,在波长为 1.55 μm,带宽为 10 GHz 时测得的 RF 输出功率与光电流的关系。当测试的 RF 输出功率为 −6.97 dBm、−3.98 dBm、−2.75 dBm 和 −1.77 dBm 时,对应的偏置电压分别为 3.0 V、4.0 V、5.0 V 和 6.0 V,光电流分别为 13.3 mA、16.37 mA、17.35 mA 和 17.56 mA。需要注意的是,光电流是随着偏置电压的增加而单调增加的,而此时的 RF 输出功率也随之增加,并且,如果存在导热基板,

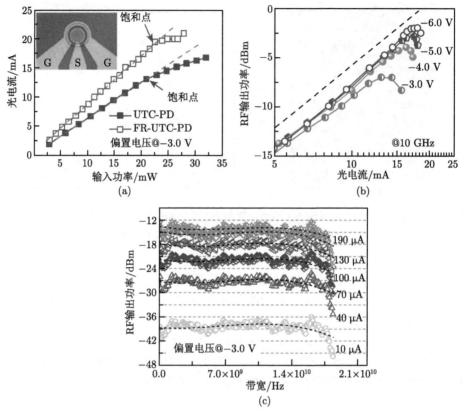

图 6.25　(a) UTC-PD 和 FR-UTC-PD 的输出光电流与输入功率的关系，插图为制备的 PD 的光学显微照片；(b) 在不同的偏置电压下，直径为 40μm 的 FR-UTC-PD 在 10 GHz 下的 RF 输出功率与光电流的关系，黑色虚线是理想 RF 功率的平行线，表示线性光电流–功率关系；(c) 在不同的输出光电流水平下，具有相同直径的 FR-UTC-PD 和 UTC-PD 的频率响应

它将逐渐接近于理想的 RF 功率线。但是，由于以下原因，与理想值相比，本期间的 RF 输出功率和光电流都相对较低。

　　第一个原因也是最主要的原因是：测量过程中的焦耳热问题。由于我们的设备中没有任何高导热性的底座，因此在测量过程中，随着偏置电压的增加，该设备会在结中产生大量的焦耳热，从而使输出功率和光电流容易提前达到饱和状态甚至导致设备故障。第二个原因可能来自 BCB 键合过程。由于 InP 衬底的研磨和抛光过程中机械振动的影响，以及 BCB 键合过程中自固定产生的单轴或不均匀的压力，致使欧姆接触电阻变大，从而导致严重的焦耳热问题。第三个原因可能是 UTC-PD 外延结构设计的不完美和器件制备过程中人为因素的影响等。因此，我们可以在后续设计中通过在空间层和集结层之间添加具有较高 N 型掺杂

($\sim 10^{18} \text{cm}^{-3}$ 数量级) 的崖层[42] 来优化器件外延结构, 以减少高光电流水平下的有害空间电荷效应。此外, 对于器件制备过程中的蚀刻技术, 我们可以使用电感耦合等离子体刻蚀代替传统的湿法刻蚀技术以获得光滑的双台面侧壁, 从而达到降低侧壁泄漏电流和暗电流对器件性能的影响。

总之, 为了提高射频输出功率, 非常有必要采用倒装芯片技术 (例如, 将 FR-UTC-PD 黏接在氮化铝或金刚石底座上) 以降低高偏置电压下的热耗散问题。此外, 优化器件结构以增加输出光电流水平, 减少制备和测量过程中人为因素的影响, 并采用调制深度增强技术代替传统的超外差测量方法, 都将进一步提高器件的射频输出功率。

图 6.25(c) 给出了在一系列低输出光电流水平下, 直径为 40 μm 的 FR-UTC-PD 和 UTC-PD 的频率响应测试结果。由图可以看出, 当光电流从 10 μA 增加到 190 μA 时, 在 3.0 V 偏置电压和 1.55 μm 波长下, 两种器件的 3 dB 带宽均为 18 GHz。3 dB 带宽的不变特性表明: 无论是否黏合 NP-CC-HCG 反射镜, UTC-PD 的带宽性能都不会受到影响。此外, 不明显的饱和状态暗示了 PD 在低光电流水平下具有良好的工作状态。从理论上讲, 3 dB 带宽主要由载流子传输时间和 RC 限制时间所决定。此外, 由于吸收层的厚度是不变的, 载流子渡越时间限制的带宽在我们的 PD 中是一个恒定值。因此, 提高带宽的一个不错的选择是设计一个直径较小的 PD。由于较小的直径对应较小的结电容, 所以会导致较大的 RC 限制带宽。此外, 另一种方法是施加较高的偏置电压, 但这会使耗尽区扩展到吸收层, 从而缩短了吸收区中载流子的通过时间。然而, 需要注意的是, 过大的偏置电压将会影响器件的可靠性, 甚至使其失效。

总之, 本节提出了一种新型的 FR-UTC-PD, 该结构通过将 NP-CC-HCG 反射镜与 UTC-PD 结构准单片集成在一起, 克服了传统 UTC-PD 中的响应度-带宽相互制衡的问题。本节通过仿真和实验分析了 NP-CC-HCG 反射镜的 FR 能力。通过仿真发现: NP-CC-HCG 反射镜可实现 11.65 μm 的焦距, 0.8701 μm 的 FWHM, 92.1% 的 FR 效率。此外, 测试发现, 制备的具有 400 μm 焦距的 NP-CC-HCG 反射镜, 获得的 FWHM 约为 140 μm, 同时获得了与之对应的 84.59% 的 FR 效率, 与 FR-UTC-PD 黏合后具有 21.59% 的入射光损耗。对于集成的 FR-UTC-PD, 在 1.55 μm 波长下经测试, 获得的响应度为 0.86 A/W, 提高了 36.5%。直径为 40 μm 的 FR-UTC-PD 的 3 dB 带宽在 -3.0 V 偏置电压下保持 18 GHz 不变, 而 RF 输出功率为 -1.77 dBm, 在 -6.0 V 的偏置电压 10 GHz 下的光电流为 17.56 mA。本节的设计充分体现了分立设计器件的优势, 并为后续高性能互补金属氧化物半导体 (CMOS) 器件兼容集成光电器件铺平了道路, 并将在 III-V 族和 IV 族近红外和中红外光探测器的响应度性能提高等方面发挥重要作用。

6.4　基于二维光栅功分器的 UTC 光探测器阵列

从光纤与光探测器之间的光耦合的角度来说，正面垂直耦合光探测器阵列在应用中需要多根光纤或光纤阵列将信号光分别耦合至不同的光探测器管芯。这种耦合方式不仅成本较高，且对多根光纤输出的调制光信号的相位要求较高。对于对称连接光探测器阵列来说，如果各光纤输出的调制光信号到达光探测器光敏面时的相位不一致，会导致光探测器阵列输出的电信号相互影响，进而影响光探测器的频率响应曲线，降低其性能。因此，使用多根光纤或光纤阵列实现光纤与光探测器之间的光耦合，将不可避免地需要在实际应用中增加如自由空间可调光延时线等相位补偿措施，以保证其性能。

考虑到以上原因，本节提出了一种新的光纤–光探测器阵列耦合的方式，将SOI 基二维高折射率光栅功分器与光探测器阵列混合集成，利用二维高折射率差光栅功分器，使得光纤中出射光功率大小相等、相位一致的信号，并将其耦合到光探测器阵列的各管芯中。本节将介绍这种与光栅功分器混合集成的光探测器阵列的设计思路、制备及参数性能。

6.4.1　UTC 光探测器阵列

单行载流子光探测器结构可以缓解光探测器在大功率应用时空间电荷屏蔽效应对其响应的影响，因此，对前面介绍的 PIN 光探测器阵列的外延结构优化工作，主要是将光探测器管芯的 PIN 外延结构更换为具有高速、高响应特性的单行载流子外延结构。

本书优化采用的单行载流子外延结构如图 6.26 所示。该外延结构顶部为一层高掺杂的 InGaAs 材料的 P 型接触层；接触层下方则是 InP 材料的宽带隙电子漂移阻止层；电子扩散阻挡层与吸收层中间插入了两层 InGaAsP 材料的过渡层，插入这两层过渡层的原因是，该外延层结构的吸收层为渐变掺杂结构，且用于大功率工作状态，因此需要考虑到光生空穴过多无法全部弛豫掉的问题，这两层过渡层有利于减少并未弛豫掉的光生空穴在吸收层和电子扩散阻挡层之间的堆积；因为光探测器阵列的主要作用是在接收大功率信号光的同时输出大功率电信号，所以其响应度不能因为其高速特性需求而牺牲太多，故其吸收层厚度设置为 600 nm 以得到相对足够的量子效率，同时这 600 nm 的 InGaAs 吸收层采用了渐变掺杂结构，渐变掺杂结构可以在吸收层中引入一个内建电场，从而加速光生电子在吸收层中的渡越，尽量减小大功率产生的大量光生电子在吸收层内的堆积；吸收层下方是四层组分由 InGaAs 变化至 InP 的过渡层；过渡层下方是一个高 N 型掺杂的 InP 材料的崖层，该崖层的厚度设置为 20 nm，以降低对器件外延生长精度的要求；崖层下方是 450 nm 的 InP 控制层，用于光生电子的收集；接下来即是高掺杂的 InP 层作为 N 型接触层；整个外延层结构生长于半绝缘的 InP 衬底上。

层	材料	厚度 /nm	掺杂浓度 /cm^{-3}
P 型接触层	InGaAs	50	P-2×10^{19}
电子漂移阻止层	InP	100	P-5×10^{18}
传输层	InGaAsP(Q=1.1)	15	P-2×10^{18}
	InGaAsP(Q=1.4)	15	P-2×10^{18}
吸收层	InGaAs	600	Graded-Doped
传输层	InGaAs	20	N-1×10^{16}
	InGaAsP(Q=1.4)	15	N-1×10^{16}
	InGaAsP(Q=1.1)	15	N-1×10^{16}
	InP	10	N-1×10^{16}
崖层	InP	20	N-1×10^{18}
控制层	InP	400	N-1×10^{16}
	InP	50	N-5×10^{18}
N型接触层	InP	500	N-1.5×10^{19}
衬底	InP 半绝缘衬底		

图 6.26 高速、大功率单行载流子光探测器外延结构

6.4.2 集成 UTC 光探测器阵列结构原理

本书提出的与高折射率差光栅功分器混合集成的光探测器阵列 (symmetric-connected photodiode array integrated with sub-wavelength gratings based beam-splitter, SC-PDA with SWG-BS) 的结构如图 6.27 所示。这种混合集成器件主要包括以下三个部分：基于 SOI 晶片的二维非周期高折射率差光栅功分器、双管芯对称连接光探测器阵列，以及用于将两个器件键合在一起的 BCB 黏合层。其工作原理是：信号光由 SOI 晶片的衬底一侧耦合进入器件，在光栅功分器的作用下，入射光一分为二分别注入双管芯对称连接光探测器阵列的两个光探测器管芯，实现接收并输出。这种结构设计使得光探测器阵列的光纤–光探测器阵列的耦合方式由双光纤阵列耦合变为单光纤耦合，不但节省了光纤阵列的高昂成本，同时大

大简化了耦合复杂度。同时，由光栅功分器出射的两路信号光到达两个光探测器管芯的光程相同，且电学端两个光探测器管芯输出的电信号到达输出端也没有相位差，因此从设计上避免了输出信号在某些频段的相干相消现象，且无须在光路中对相位延迟进行补偿，进一步降低了成本和系统复杂度。此外，由于分束后的两束光斜入射至光探测器管芯且经过顶部 P 接触电极反射后，可以再次经过光探测器吸收层，所以其响应度也得到了提升，弥补了一部分由结构复杂、界面多所导致的响应度下降。

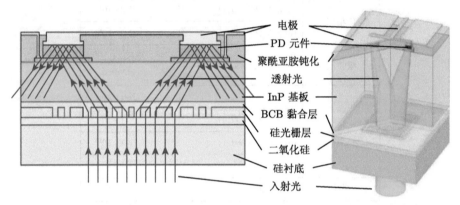

图 6.27　与高折射率差光栅功分器混合集成的光探测器阵列的结构示意图

6.4.3　集成 UTC 光探测器阵列结构设计

用于混合集成的单行载流子光探测器阵列外延结构与图 6.27 中的单行载流子光探测器外延结构相同，光探测器管芯的直径均为 40 μm。此外，同样测试了具有相同层结构及相同光探测器管芯直径的正入射单行载流子光探测器阵列，以及单个独立单行载流子光探测器阵列的各性能参数，作为对比。

6.4.4　实验测试与分析

1. 直流测试

在偏压为 −3 V 的情况下，这里对正入射双管芯对称连接单行载流子光探测器阵列，以及背入射与光栅功分器混合集成的双管芯对称连接单行载流子光探测器阵列在不同光功率下的输出电流进行了测试，测试结果如图 6.28 所示。

由测试结果可以计算出，正入射光探测器阵列的响应度约为 0.438 A/W，而背入射混合集成光探测器阵列的响应度约为 0.179 A/W，这个响应度的差异表明，该混合集成结构引入的插入损耗约为 4.55 dB。

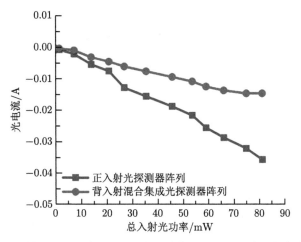

图 6.28　正入射光探测器阵列和背入射混合集成光探测器阵列的直流测试结果

2. 交流饱和特性测试结果

同样在 −3 V 偏压及 12 GHz 下，这里分别对单个独立单行载流子光探测器、正入射双管芯对称连接单行载流子光探测器阵列，以及背入射与光栅功分器混合集成的双管芯对称连接单行载流子光探测器阵列的交流饱和特性进行了测试，测试结果如图 6.29 所示。

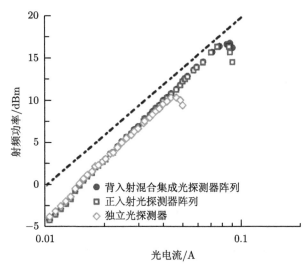

图 6.29　独立光探测器、正入射光探测器阵列和背入射混合集成光探测器阵列的交流饱和特性测试结果

交流饱和特性的测试结果显示，两种单行载流子光探测器阵列的交流饱和电

流同样相近, 正入射光探测器阵列与背入射混合集成光探测器阵列的交流饱和电流分别是 86.8 mA 和 87.9 mA, 它们的饱和 RF 输出功率均达到了约 16 dBm, 而独立单行载流子光探测器的交流饱和电流为 46.7 mA, 略大于双管芯单行载流子光探测器交流饱和电流的一半。

3. 3 dB 带宽测试结果

在交流饱和特性测试的基础上, 这里分别在低光强和高光强条件下测试了单个独立单行载流子光探测器、正入射双管芯对称连接单行载流子光探测器阵列, 以及背入射与光栅功分器混合集成的双管芯对称连接单行载流子光探测器阵列的 3 dB 带宽。测试过程中光探测器及阵列的偏压均为 −3 V, 低光强测试时光探测器输出的平均光电流依然为 1 mA, 而高光强测试时光探测器输出的平均光电流提升至了 60 mA。在两种光强下各器件 3 dB 带宽测试结果如图 6.30 所示。

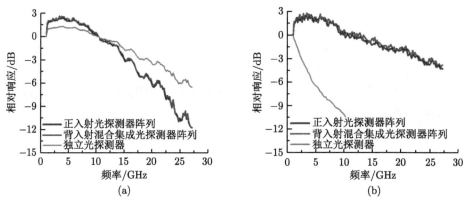

图 6.30　独立光探测器、正入射光探测器阵列和背入射混合集成光探测器阵列在低光强 (a) 和高光强 (b) 下的 3 dB 带宽测试结果

如图 6.30(a) 所示, 在平均光电流为 1 mA 的测试状况下, 正入射单行载流子光探测器阵列和背入射混合集成单行载流子光探测器阵列的频率响应大致相同, 其 3 dB 带宽分别为 15.2 GHz 和 15.4 GHz。但独立单行载流子光探测器在 1 mA 的光电流下得到了 19.6 GHz 的带宽, 其带宽与光探测器阵列带宽相比高出许多, 其原因是电路上的并联结构使得光探测器阵列的整体电容增加, RC 时间常数变大。在光电流提升至 60 mA 后, 两种光探测器的带宽提升至 23 GHz 左右, 而独立光探测器已经饱和, 其频率响应随调制频率的增加迅速减小。

此外, 在移除正入射单行载流子光探测器阵列测试系统中的相位补偿机制后, 对其频率响应做了进一步测试, 测试结果如图 6.31 所示。从测试结果中可以看出, 在相位补偿机制移除后, 正入射光探测器阵列的频率响应在特定频率点出现了周期性的低谷，这是由信号光到达光探测器管芯时相位不匹配所引起的，而对背入射与光栅功分器混合集成的光探测器阵列来说，由于在其原理设计上使得光信号到达光探测器管芯时的相位一致，所以避免了其频率响应受相位失配的影响。

此外，正入射光探测器阵列在测试中需要两根光纤探针分别与两光探测器管芯进行耦合，而在封装应用中则需要光纤阵列将信号光耦合至光探测器管芯中，光纤阵列与光探测器阵列的耦合除了 x、y、z 三个方向的对准外，还多出一个角度的对准需求，即两光纤的纤芯连线需要与光探测器管芯中心连线平行，耦合对准十分复杂。而背入射混合集成的光探测器阵列仅需一根光纤即可完成光信号的耦合，大大简化了耦合复杂度。

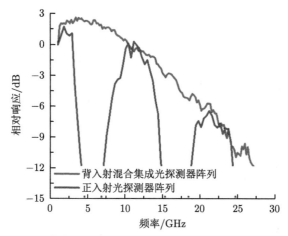

图 6.31　移除相位补偿措施后的正入射光探测器阵列与混合集成光探测器阵列的频率响应对比

6.5　基于光栅反射镜的 VCSEL

6.5.1　VCSEL 原理

相比较边射型激光器而言，VCSEL 主要分为三部分：上布拉格反射镜 (p-DBR)、有源区 (active layer)，以及下布拉格反射镜 (n-DBR)[42]。

VCSEL 属于半导体激光器，其工作原理与其他半导体激光器在本质上是相同的，只是设计的器件结构有所不同，比如，在激光出射面上有别于边发射半导体激光器。半导体激光器的原理是利用半导体中的电子跃迁引起光子受激辐射而产生光振荡和光放大，其产生激光同样要满足以下三个基本条件：① 有源区内产生载流子的反转分布；② 合适的光学谐振腔使受激辐射的光在其中得到多次反馈形成激光振荡；③ 保证电源的存在，提供足够强的电流注入，使得光增益大于或等于各种损耗之和，满足一定的电流阈值条件。

6.5.2　VCSEL 的性能特性分析

1. 静态特性

1) 阈值特性

由于激射光在 DBR 中具有穿透效应，所以 VCSEL 共振腔的长度必须考虑到穿透深度，因此，推导 VCSEL 的阈值条件不能仅使用生长结构中的共振腔长度，而是使用整个 VCSEL 的激射共振腔长度。VCSEL 的结构不仅包含了左右两边的 DBR，还包含中间的共振腔和有源区，如图 6.32 所示。

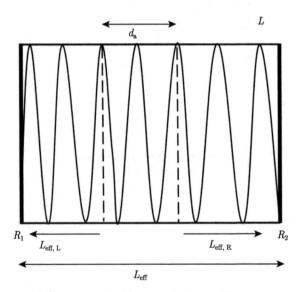

图 6.32　等效 VCSEL 电场平面分布图

中间的共振腔和有源区的厚度分别为 L 和 d_a，而激射光场左右两边 DBR 的部分逐渐衰减，定义其穿透深度分别为 $L_{eff,L}$ 与 $L_{eff,R}$。如图 6.32 所示[43]，简化后的 VCSEL 两面的反射镜反射率分别为 R_1 和 R_2，则

$$L_{eff} = L + L_{eff,L} + L_{eff,R} \tag{6.8}$$

而共振腔只有两个区域，一是有源区，一个是包层，尽管共振腔的有效长度变大了，但是本质上 VCSEL 共振腔的有效腔长还是在整数个光学波长的厚度范围内，属于短共振腔激射。

假设激射共振腔的方向是 z 方向，则 VCSEL 的阈值条件可以表示为 [44]

$$\Gamma_{xy}\xi L_{\text{eff}}\gamma_{\text{th}} = \Gamma_{xy}d_a\alpha_a + \langle\alpha_1\rangle\left(L_{\text{eff}} - d_a\right) + \frac{1}{2}\ln\frac{1}{R_1R_2} \qquad (6.9)$$

其中，Γ_{xy} 代表激射光在 x-y 水平方向的模态和有源区域的重叠比例，也就是在 x-y 水平方向的光学局限因子；而 ξ 代表激射光在 z 垂直方向的模态和有源区之间的重叠比例，也就是在 z 垂直方向的光学局限因子；α_a 为有源层的吸收系数；$\langle\alpha_1\rangle$ 代表在有源层外的平均光学损耗。

在设计与生长 VCSEL 的有源层时，厚度的控制非常重要，尽管将有源层变薄能使增益增强因子变大，但是有源层变薄会导致阈值增益的上升，若将有源层分为几个区域分别放置在电场峰值处，可以达到有源区的总厚度不变、但增益增强因子可以接近于 2 的效果，这种设计为周期性增益结构，可以有效地降低 VCSEL 阈值电流与提高输出功率。

2) 温度特性

VCSEL 相较于传统的边射型激光器，另一项重要的区分在于 VCSEL 具有很短的激射共振腔 [45]。如图 6.33(a) 结构所示，一般的边射型激光器由于具有较长的共振腔，因此模距非常小，这也导致激射波长总是落在增益频谱的峰值上，当器件温度随着注入电流增加而升高时，激射波长也会随着增益频谱的移动而往长波长方向移动，使得激射的波长对器件的温度变化相当敏感。然而，对于 VCSEL 而言，其激射共振腔的光学长度大约为激射光波的整数倍，因此，共振腔中只允许存在一个光学纵向模，如图 6.33(b) 所示，此时有源区的增益频谱由共振腔决定。因此 VCSEL 的激射波长就不容易随着器件温度的改变而产生变化，此为 VCSEL 作为通信光源的一项重要性能之一。

VCSEL 具有非常短的激射共振腔，因此，其本质上有许多特性与边射型激射完全不同。VCSEL 通常会有一个共振腔模态落于有源区的增益频谱中，因此当共振腔模态所对应的波长与增益频谱峰值所对应的波长存在差异时，便会影响共振腔的特性。图 6.33(a) 表示边射型激光器的纵模分布与增益频谱随温度变化关系，由图中关系可以推论，当共振腔模态波长落于增益频谱的峰值时，激射会有最小的阈值电流值；反之，激射阈值电流会增加。

对一个 F-P 光共振腔而言，共振腔所能容许的共振波长与共振腔的长度直接相关，图 6.33(b) 表示面射型激光器的纵模分布与增益频谱随温度的变化关系，其描述一经过特殊设计使晶片表面具有不同共振腔厚度的 VCSEL 激射，当点测晶片上不同位置时可得到不同的激射阈值电流。由于有源区量子阱增益频谱并不会随着晶片上的不同位置改变，所以激射阈值电流会随晶片上的不同位置而改变必然是由不同共振腔厚度所造成，这是在点测晶片上不同位置时，使得共振腔模态波长与增益频谱峰值之间的相对关系发生变化。

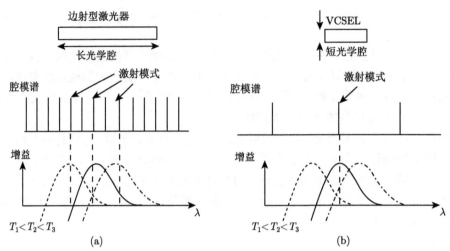

图 6.33　(a) 边射型激光器的纵模分布与增益频谱随温度的变化关系；(b) 面射型激光器的纵模分布与增益频谱随温度的变化关系

　　对实际的应用而言，一般 VCSEL 在电激发的工作状态下，器件的温度也会随之上升，当温度升高时会导致共振腔模态波长与增益频谱都往长波长移动，然而其移动的机制与幅度并不相同。共振腔模态波长的红移主要是温度升高引起半导体材料的折射率改变；而增益频谱的红移主要是温度升高造成半导体的能隙变小 [46]。

2. 动态特性

1) 小信号特性

最常见的半导体激射调制如图 6.34 的直接电流调制所示，半导体激射偏压工作在固定的电流值 I_0 上，欲输入的信号从射频网络分析仪中产生，经过 Bias-T 后加载到半导体激射上，激射的输出信号就应该会在 P_0 的基准上做信号的变化。以弦信号为例，若弦波的振幅为 I_m，振荡频率为 w，则输入信号变为 $I(t) = I_0 + I_m \sin(\omega t)$，既然输入信号开始随时间变化，激射光输出也相应地变化：$p(t) = p_0 + p_m \sin(\omega t)$。

在半导体激光器 (LD) 受到外部调制的情况下，分析其响应特点就必须要分析有源区中的载流子浓度与共振腔中的光子密度的速率方程式 [47]：

$$\frac{\mathrm{d}n}{\mathrm{d}t} = \eta_i \frac{J}{ed} - \frac{n}{\tau_\mathrm{n}} - v_\mathrm{g} \gamma(n) n_\mathrm{p} \tag{6.10}$$

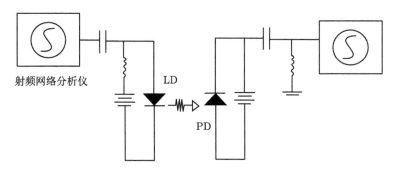

图 6.34 半导体激光器激射直接电流调制电路示意图

$$\frac{\mathrm{d}n_{\mathrm{p}}}{\mathrm{d}t} = \Gamma v_{\mathrm{g}} \gamma\left(n\right) n_{\mathrm{p}} - \frac{n_{\mathrm{p}}}{\tau_{\mathrm{p}}} + \Gamma \beta_{\mathrm{sp}} \frac{n}{\tau_{\mathrm{r}}} \tag{6.11}$$

如图 6.35 所示, 图中载入信号的上下振荡幅度远小于稳态值 (也就是 I_0 与 P_0), 此处, 以正弦波信号为例, 通常所说的小信号分析, 就是根据载入信号振幅的变化分析出输出信号的变化。

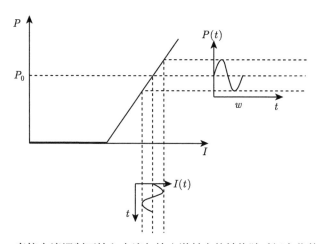

图 6.35 直接电流调制下输入电流与输出激射光的转换随时间变化的示意图

在对小信号分析推导前, 先对半导体激射作一些规范与近似假设, 其中半导体激射的有源区体积为 $L \times \omega \times d$, 而 L 即为激射的共振腔的长度, 在有源区中, 假设载流子的复合时间远大于载流子的热平衡时间, 这使得不用再去考虑载流子从覆盖层注入有源区的热平衡时间, 换句话说, 载流子一旦从激射的两端电极注入后就会立刻到达有源区, 此外, 假设到达有源区的载流子会立刻均匀分布在有源层中而没有空间的不均匀, 而这些热平衡载流子分布效应将在非线性增益饱和效应中一并考虑；为简化分析起见，先分析单模工作的半导体激光器激射，所以，光子密度的速率的方程式就会只有一道，此外，因为在激光器中自发放射因子 β_{sp} 太小，所以可以忽略不计。

因此，可以定义小信号的输出调制响应为小信号光子密度在频率为 w 值时与频率为零时 (DC) 的比率：

$$M\left(\omega\right) \equiv \left|\frac{n_{\mathrm{pm}}\left(\omega\right)/J_m\left(\omega\right)}{n_{\mathrm{pm}}\left(0\right)/J_m\left(0\right)}\right| = \left|\frac{\omega^2}{-\omega^2 + \mathrm{j}\omega\varOmega + \omega^2}\right| = \left|H\left(\omega\right)\right| = \left|m\left(\omega\right)\right|\mathrm{e}^{\mathrm{j}\theta} \quad (6.12)$$

2) 大信号特性

当外部输入信号的变化和稳态值相近或甚至大于稳态值时，小信号近似不再成立，由于大部分半导体激光器激射的外部影响越来越大，在阈值条件以下到阈值条件以上范围中，载流子浓度与光子密度都呈现非线性变化。

当半导体激光器在阈值条件以下满足激射时，其有源层中的载流子必须要先达到阈值载子浓度才会有激射光输出，这段载流子累积的时间称为导通延迟时间，表示为 τ_{d}。若激射工作在阈值条件以下，可以假设 $n_{\mathrm{p}} = 0$，以及假设载流子生命期为定值，因此，有源区中的载流子浓度速率方程式为

$$\frac{\mathrm{d}n}{\mathrm{d}t} = \eta_i\frac{J}{ed} - \frac{n}{\tau_{\mathrm{n}}} \quad (6.13)$$

载流子浓度在 $t \geqslant 0$ 的变化为

$$n\left(t\right) = \frac{\eta_i\tau_{\mathrm{n}}}{ed}\left(J - J_{\mathrm{p}}\mathrm{e}^{-t/\tau_{\mathrm{n}}}\right) = n_{\mathrm{b}} + n_{\mathrm{p}}\left(1 - \mathrm{e}^{-t/\tau_{\mathrm{n}}}\right) \quad (6.14)$$

如图 6.36 所示，有源层中的载流子浓度随着时间演进逐渐累积到 $n_{\mathrm{b}} + n_{\mathrm{p}}$ 的值，载流子浓度增加的速度与载流子生命期 τ_{n} 有关，τ_{n} 越小，载流子浓度增加的速度越快。

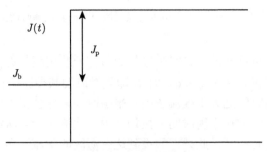

图 6.36　电流密度变化

若载流子在到达 $n_b + n_p$ 的值之前就先达到了阈值载流子浓度 n_{th}，激射开始工作，大于阈值载流子浓度的部分就会迅速受到激射复合放出光子，使得载流子浓度不再如图 6.37 的趋势增加，而限制阈值载流子浓度的值，达到阈值载流子浓度的时间即为激射的导通延迟时间 τ_d，求出 τ_d 为

$$\tau_d = \tau_n \ln \left(\frac{J - J_b}{J - J_{th}} \right) \tag{6.15}$$

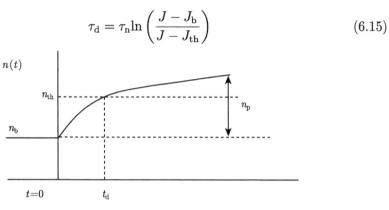

图 6.37 载流子浓度变化

由测量在不同电流工作下的 τ_d 值，将 τ_d 值和 $\ln[(J - J_b)/(J - J_{th})]$ 作图可以得到载流子的生命期 τ_n；若 J_b 接近于零，则

$$\tau_d = \tau_n \ln \left(\frac{1}{1 - J_{th}/J} \right) \tag{6.16}$$

由此可知，若要减少导通延迟时间 τ_d，电流密度要远大于阈值电流密度。最后要注意的是，如果半导体激射一开始是偏压在阈值电流密度以上，就不会出现导通延迟现象，因为有源区的载流子浓度早已限制在阈值载流子浓度，因此，激射在实际的调制应用上，都会避免将激射偏压设置在阈值电流密度以下，以减少因导通延迟现象所引发的信号失真；此外，根据以上公式计算所得的值作出的图像为线性近似，实际上测量的半导体激射的 τ_d 值和 $\ln[(J - J_b)/(J - J_{th})]$ 作图可能会偏离线性的关系。

3. 微腔共振特性

由于 VCSEL 共振腔的微共振腔效应，在共振腔中光子的模态不仅小，而且还被限制得很好，在这样的微共振腔中，光子和有源区中的载流子会产生非常强的交互作用，形成所谓的微共振腔效应 [48]。

自发放射因子。因此可以定义：

$$\beta_{sp} = \frac{W^{cav}}{W^{free} + W^{cav}} \quad \frac{耦合到特定模态的自发放射}{所有自发放射} \tag{6.17}$$

其中，W^{cav} 和 W^{free} 分别代表自发放射到激射模态的速率与自发放射到自由空间的速率。

假设自发放射的放射频谱为洛伦兹形式，其单位体积下放射到共振腔中某一特定的激射模态的速率为

$$\gamma_{\text{sp}}(\omega) = \gamma_{\text{sp0}} \frac{(\Delta\omega_{\text{sp}}/2)^2}{(\omega-\omega_0)^2 + (\Delta\omega_{\text{sp}}/2)^2} = \omega^{\text{cav}} \tag{6.18}$$

因此，当激射模态频率为 ω_0 时，则自发激射因子为

$$\beta_{\text{sp}} = \left(\frac{\gamma_{\text{sp}}}{R_{\text{sp}}}\right) = \frac{2\pi}{V}\left(\frac{c}{n_{\text{r}}}\right)^3 \frac{1}{\omega_0^2 \Delta\omega_{\text{sp}}} = \frac{(\lambda/n_{\text{r}})^3}{4\pi^2 V}\left(\frac{\omega}{\Delta\omega_{\text{sp}}}\right) \tag{6.19}$$

由上式可知 β_{sp} 和 V 成反比，因为 VCSEL 的共振腔很小，其中 β_{sp} 比较大，在 $10^{-2} \sim 10^{-3}$，而边射型激射的共振腔相对较大，其中 β_{sp} 在 $10^{-4} \sim 10^{-5}$，也就是每放出 10^5 自发放射光子，只有一个可以贡献到激射光上。β_{sp} 最大值为 1，表示所有的自发放射只会放出一种模态的光子，其单一模态性质和激射的同调光相似，因为不需要达到阈值条件。

6.5.3 VCSEL 的偏振特性分析

VCSEL 在输出激射光时，通常会出现两个模式相互竞争的状况，造成这种状况的主要原因为，VCSEL 的芯片都是在 $\langle 100 \rangle$ 晶向上生长，随注入电流的变化，相应的激射模式也会发生变化。如果想要激光器的输出模式相对稳定，就要解决芯片各向同性的增益情况，因此，需要引入各向异性增益的结构 [49]。

电极化强度可以表示为

$$\boldsymbol{\nabla} \times \boldsymbol{E} = -\mu_{\text{r}}\mu_0 \frac{\partial \boldsymbol{H}}{\partial t} \tag{6.20}$$

$$\boldsymbol{\nabla} \times \boldsymbol{H} = \varepsilon_0 \frac{\partial \boldsymbol{E}}{\partial t} + \frac{\partial \boldsymbol{P}}{\partial t} \tag{6.21}$$

其中，感应电极强度用 $\boldsymbol{P}$ 来表示；μ_{r} 为磁导率。增益的电场强度可以表示为

$$\boldsymbol{E}(r,t) = \frac{1}{2}E_0(\omega,t) \cdot [\exp(-jk\cdot r + j\omega t) + \exp(jk\cdot r - j\omega t)] \tag{6.22}$$

模场的振幅可以表示为

$$S_{\text{h}}(t) = \frac{2\pi}{hw_{\text{h}}} \frac{\varepsilon_{\text{h}}}{2} |E_{0\text{h}}(\omega_{\text{h}};t)|^2 \tag{6.23}$$

$$S_{\mathrm{vh}}(t) = \frac{2\pi}{hw_{\mathrm{h,v}}} \frac{\varepsilon_{\mathrm{h}}}{2} |E_{0\mathrm{v}}(\omega_{\mathrm{v}};t)|^2 A_{\mathrm{oh;ov}}^2 \tag{6.24}$$

其中，其中 $hw_{\mathrm{h,v}}$ 表示光子的能量；$A_{\mathrm{oh;ov}}$ 表示电场强度。因式中没有考虑纵向光场的分布，激射光 h 模式和与其正交的偏振方向的 v 模式的光场的增益 g 可以表示为

$$g = \begin{cases} g_{\mathrm{h}}(1 - \zeta_{\mathrm{sh}}S_{\mathrm{h}} - \zeta_{\mathrm{ohv}}S_{\mathrm{v}}) \\ g_{\mathrm{v}}(1 - \zeta_{\mathrm{sv}}S_{\mathrm{v}} - \zeta_{\mathrm{ovh}}S_{\mathrm{h}}) \end{cases} \tag{6.25}$$

其中，ζ_{ohv} 表示与激射光正交的偏振光场的正交偏振光场的交叉饱和系数。

6.5.4 基于光栅反射镜的 VCSEL 的原理

高折射率差光栅由光栅介质 (高折射率材料) 与空气 (低折射率) 介质构成 [50,51]。一般情况下使用的介质镜虽然具有低损耗的优点，但都存在一个共同的缺点：反射和透射的效果不理想，原因在于，介质镜在沉积时选择的方法不准确，介质镜的反射和透射效果达不到高要求。与传统的介质镜相比，高折射率差光栅体积小，且结构复杂度低，易与其他光学器件集成 [52,53]，在光互联、光开关领域也有许多应用 [54,55]；具有高透、高反、会聚、偏振等特性 [56,57]，结构分为周期结构与非周期结构 [58,59]，可广泛应用于探测器、激光器的集成等领域。

这里采用小孔径的 VCSEL 实现器件单模输出特性，经查阅资料发现，氧化孔径减小到 3~5 μm，器件就会工作在基横模状态下。在仿真与制备时，调节 VCSEL 的氧化孔径为 3 μm，该方法是模式控制较直接的方法，也是应用最广泛的方法。当减小器件的氧化孔径时，有源增益区的电流注入面积会减小，故器件的输出功率下降。本书采用硅衬底可减小制作成本，同时利用高折射率差光栅使器件具有偏振稳定的功能。

综上来讲，单模偏振稳定的 VCSEL 比传统的 VCSEL 光束质量更好、偏振稳定性更好，这些优良的性能使得其在气体检测与分析、光学传感、激光测距等领域有广泛的应用，能为社会带来巨大的经济效益与社会效益，具有非常重要的科研价值。

6.5.5 结构设计与仿真

1. 结构设计

将高折射率差光栅集成在 VCSEL 的谐振腔之间，如图 6.38 所示，该结构不仅能实现 VCSEL 的偏振稳定特性，同时增大了 VCSEL 的谐振腔的腔长，从而增加了谐振腔结构对量子阱层产生光线的增益，提高了 VCSEL 的输出光功率。由于高折射率差光栅难以与 VCSEL 进行集成，故在中间加了 SU8 棱镜，使 VCSEL 与高折射率差光栅集成在一起。SU8 是一种环氧树脂型、负性、近紫外线

光刻胶,因结构有八个环氧团故称为 SU8 胶,其具有良好的热稳定性、力学性能、抗化学腐蚀性,以及不导电、可形成台阶,可以在电镀时直接作为绝缘体使用等特性 [60]。本节主要利用 SU8 胶的高深宽比及透光性等特性实现微棱镜,并将高折射率差光栅与 VCSEL 进行集成。

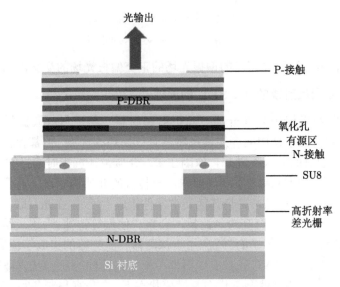

图 6.38　VCSEL 与 HCG 集成的结构

2. 仿真

仿真利用 Crosslight 公司的 PICS 3D 对器件的材料增益、功率等进行仿真,该软件可以仿真许多器件,例如 DFB 和 DBR 激光器,探测器等许多光电器件。主要根据器件层结构的材料、厚度、掺杂浓度等编写程序,或者通过画结构填充相应层结构的信息来仿真,仿真结果与测试结果对比较准确。

图 6.39 为室温下对量子阱的材料增益进行的模拟,量子阱的材料采用 6 nm GaAs 和 8 nm $Al_{0.3}Ga_{0.7}As$。由图 6.39 分析得,在波长 820~ 855 nm 范围内,器件的吸收损耗小于材料增益,满足 VCSEL 激射的条件,在 835 nm 处,增益达到最大。

由图 6.39 的仿真结果可知,器件设计的总体结构符合光腔的设计原理。

通过对结构的合理性仿真后,由于 N-DBR 采用了新的材料 Si/SiO_2,通过 COMSOL 软件对器件的 N-DBR 进行仿真,N-DBR 总的厚度约为 4.5 μm,由图 6.40 的反射图可知,该材料具有很高的反射率,经计算,反射率大于 80%。

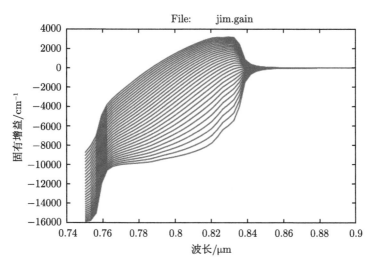

图 6.39 室温下量子阱的材料增益曲线

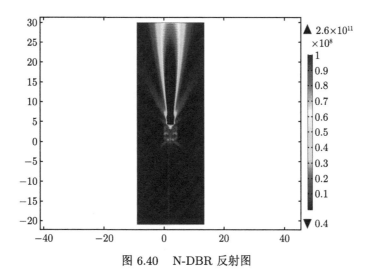

图 6.40 N-DBR 反射图

利用 COMSOL 软件对 N-DBR 进行仿真, 电场强度分布如图 6.41 所示, 由图中曲线可以清晰看出, 在距离反射镜越近的位置, 电场强度越强, 说明 N-DBR 的反射效果越好。

下面对设计的 VCSEL 结构的 P-I 特性、光谱特性, 以及模式特性采用仿真软件 Crosslight 进行仿真计算。

1) P-I 特性

如图 6.42 中的 P-I 特性曲线可知, VCSEL 的阈值电流约为 1.6 mA, 当注入电流小于 1.6 mA 时，激光器发出荧光，无激光出射，故输出功率为 0；当注入电流大于 1.6 mA 时，激光器此时发射激光，输出光功率开始上升，基本呈线性变化，最高输出功率为 4 mW。

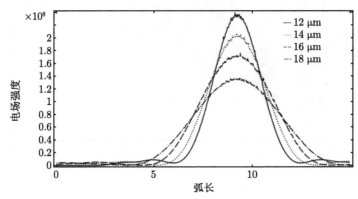

图 6.41　N-DBR 的电场强度分布图

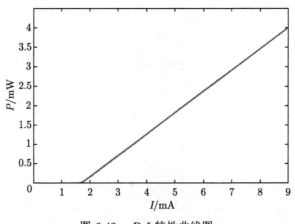

图 6.42　*P-I* 特性曲线图

2) 光谱特性

由图 6.43 可以看出，在 780~880 nm 很长的波段范围内，当激射波长为 835 nm 时，激光器工作在单纵模的状态下。

3) 模式特性

通过仿真不同模式的输出功率，得到图 6.44 与图 6.45，分别为单横模 *P-I* 曲线图与高阶模 *P-I* 曲线图，通过与总的功率曲线图对比可得出结论，一阶横模的输出功率略小于 4 mW，为该器件输出功率的主要贡献，占总输出功率的 98% 以上；高阶模式的输出功率不足 2%。因此可判断，该器件可实现单一横模工作。

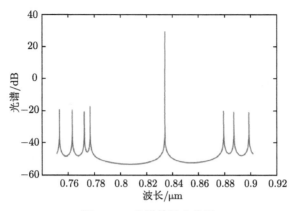

图 6.43 光谱特性曲线图

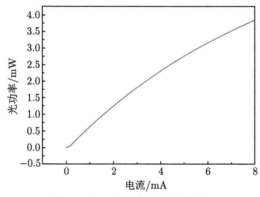

图 6.44 单横模 *P-I* 曲线图

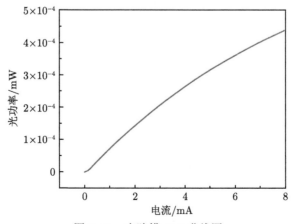

图 6.45 高阶模 *P-I* 曲线图

6.5.6 VCSEL 的制备

主要的制备流程如图 6.46 所示，其中所用到的制备设备如表 6.1 所示。

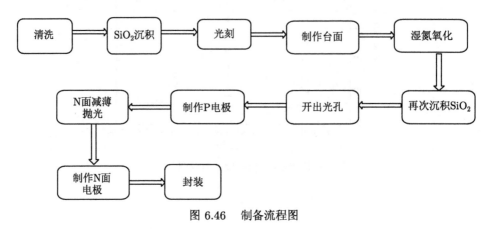

图 6.46 制备流程图

表 6.1 以上工艺流程主要用到的设备

设备名称	公司	型号
曝光机	NXQ	NXQ 4006
RIE	TOP technology	MiniStar-RIE System
ICP	Oxford	PlasmaPro Systen100 Cobra
PECVD		NGP80
金属蒸镀	ULVAC	ei-501z
氧化炉	AET	Oxidation Furnace For 4 Wafers

本实验采用的 VCSEL 外延结构是，在 N 型晶向的 GaAs 衬底上，生长 34.5 对 $Al_{0.12}Ga_{0.88}As/Al_{0.9}Ga_{0.1}As$ 下分布拉格反射镜 (N-DBR)，三对 6 nm GaAs 和 8 nm $Al_{0.3}Ga_{0.7}As$ 组成的量子阱夹在包层 $Al_{0.3}Ga_{0.7}As$ 之间，P-DBR 由 20 对 AlGaAs 采用渐变组分组成，$Al_{0.98}Ga_{0.02}As$ 氧化限制层的厚度为 30 nm，位于 P-DBR 与 $Al_{0.3}Ga_{0.7}As$ 缓冲层之间，器件最上方为 P 型的欧姆接触层，图 6.47 为器件的外延图。

主要的工艺流程包括：

(1) 清洗。

对外延片进行清洗，目的是除去器件表面上的杂质，为下一步提高光刻质量做准备。

(2) 光刻 + 干法刻蚀。

当对 VCSEL 台面进行干法刻蚀时，通过电感耦合离子刻蚀设备对台面进行刻蚀，刻蚀深度为 3 μm，如图 6.48 所示。

图 6.47　器件的外延图

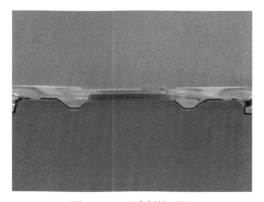

图 6.48　干法刻蚀后图

(3) 镀 P 电极。

通过磁控溅射设备，在 P 电极上蒸发出合金，然后经超声处理，得到器件完整的 P 电极，如图 6.49 所示。

(4) 湿法氧化。

先将外延片放入温度为 420 ℃ 的 AET 公司生产的氧化炉中，并经过 97 ℃ 的水浴，在该过程中，高折射率的 AlAs 会被氧化为较低折射率的 Al_xO_y 绝缘层，以此达到对载流子的限制作用。器件氧化孔径的大小需要控制氧化时间、氧化温度等工艺参数，圈内的阴影部分为氧化的区域，如图 6.50 所示。

(5) 二次光刻 + 刻蚀。

对外延片台面进行第二次光刻和刻蚀。

(6) N 面减薄抛光 + 镀 N 电极。

衬底会对注入电流、器件的散热、器件制备后的机械强度产生影响，故对 N

面衬底进行减薄。并使用测控溅射设备，在 N 面上制备出 N 电极，如图 6.51 所示。

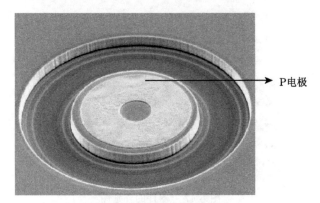

图 6.49　镀完 P 电极后图

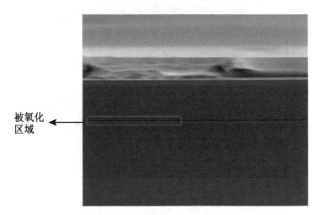

图 6.50　氧化孔径的 SEM 照片

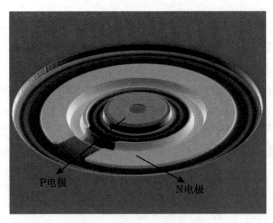

图 6.51　镀完 N 电极后图

(7) 镀 Si_3N_4 膜 +BCB。

镀完 P 电极后，接着镀一层 Si_3N_4 膜以防止金属电极被氧化。

(8) 开孔 + 离子束刻蚀 + 镀大电极。

离子刻蚀 Si_3N_4 薄膜，使用负胶作为保护层。镀大电极，最后进行解理，封装。

6.5.7 键合技术

键合所采用的黏合材料为光敏聚酰亚胺材料 ZKPI-540。将键合可调 VCSEL 结构加热至 200 °C，聚酰亚胺完全固化。固化后的聚酰亚胺具有足够的机械强度，保证了可调谐 VCSEL 的稳定性，同时键合结构必须能经历后续的腐蚀、剥离、氧化等工艺，因此对键合技术提出了更高的要求。

6.5.8 实验测试与分析

VCSEL 的光谱特性可以反映出激光器的模式，由于横模和纵模是互相作用的，测量的光谱峰值不唯一的情况，可能是由多横模造成的。故通过测量的光谱特性也可分析激光器是否工作在单模状态。图 6.52 为器件分别在 2 mA、3 mA、4 mA、5 mA 的光谱测试曲线，由图可知，在 850 nm 附近具有较宽的光谱范围，在 2 mA、3 mA、4 mA、5 mA 的注入电流下，边模抑制比 (SMSR) 分别为 22 dB、21 dB、25 dB、25 dB，均大于 20 dB，可满足边模抑制比大于 20 dB 的单模条件，故可判断设计的结构可实现单模激射。

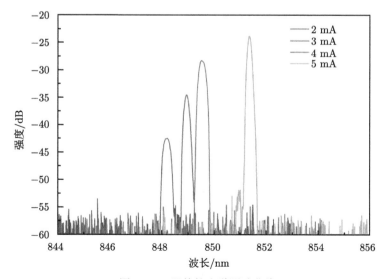

图 6.52   器件的光谱测试曲线

　　将测量好的数据进行整理，利用软件 Origin 绘制器件的 *L-I-V* 曲线。图 6.53 为 *L-I-V* 测试曲线图，从图中可以得出，器件的实际功率为 3.5 mW，与仿真得出的结果 4 mW 略有差别。当注入电流大于 2 mA 时，器件的功率明显上升。

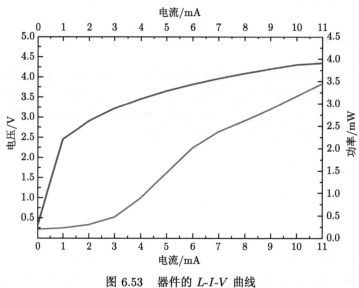

图 6.53　器件的 *L-I-V* 曲线

　　通过以上的仿真以及对器件的测量可知，在设计的氧化孔径为 3 μm 的条件下，设计的结构可实现单模激射。

6.6　具有偏振稳定功能的 894 nm 高温 VCSEL

6.6.1　结构设计理论分析

1. 阈值特性

已知阈值电流的表达式 [61]：

$$I_{th} = \frac{qVN_{tr}^2}{\eta_i} \exp\left[2(\gamma + a_m)/\Gamma_r g_0\right] \tag{6.26}$$

其中，γ 为损耗系数；α_m 为镜面损耗；Γ_r 为光学限制因子；η_i 为内部量子效率；N_{tr} 为载流子浓度。

　　影响器件阈值特性的主要因素有：腔体的损耗、有源区的体积、有源区的材料选取，为得到 VCSEL 的低阈值电流，这里采取了以下措施：降低腔体的损耗，即增加 DBR 的反射率；减小发光区有源区的体积，即减小量子阱的厚度，选用了 6 nm 的量子阱厚度，与一般结构相比，具有较小量子阱厚度且增益能够达到最佳效果；选取了 N_{tr} 值较低、g_0 值较高的材料，在达到减小阈值电流的同时保证了阈值增益满足产生激光的必要条件。

2. 高温特性

高温工作环境中，为使器件稳定在工作波长，腔模是其最主要的决定因素，当光通过 k 层材料后产生的传输矩阵可以表示为 [62]

$$
\begin{bmatrix} A \\ C \end{bmatrix} = \prod_{j=1}^{k} \begin{bmatrix} \cos\delta_j & \dfrac{1}{n_j}\sin\delta_j \\ in_j\sin\delta_j & \cos\delta_j \end{bmatrix} \begin{bmatrix} 1 \\ n_{k+1} \end{bmatrix} \tag{6.27}
$$

其中，A、C 为矩阵单元；n_{k+1}、δ_j 分别表示光入射到材料的折射率和相位变化。由上式得出器件在不同波长处对应的反射率、反射谱，进而获得腔模位置。随着环境温度的升高，腔模位置会发生红移，共振腔所用的材料为 AlGaAs，因为 AlGaAs 的折射率随着温度的变化不会发生很大的变化，所以，随着温度的升高，腔模的位置变化的速率非常微弱，可以忽略不计。随着工作温度的升高，量子阱增益峰值不断地靠近腔模位置，当升高到某一温度时，量子阱增益峰波长与腔模相匹配，满足工作波长的要求 [63]。

器件自热效应与电流、氧化孔径尺寸的比例关系可表示为

$$
\Delta T \propto I_b^2 \times 1/d^{2\sim3} \tag{6.28}
$$

其中，d 为氧化孔径的尺寸。

上式说明，相同的电流注入下，当温度升高时，较小氧化孔径会使散射损耗增大，载流子会从量子阱中溢出，因此，较小氧化孔径的 VCSEL 的自热效应更明显。此外，由于椭圆形的不对称性，激射光在输出时，椭圆的短轴方向会受到一定的限制，所以器件激射光的光场能量分布不均匀 [64]。其次，折射率的不同也会导致激射波长相应的变化。目前改善的方法就是增大氧化孔径的直径，使得不同方向上的折射率差距减小，因此，本器件采用标准圆形较大尺寸的氧化孔径。

选择适当的增益腔模失配量以及氧化孔径的形状、尺寸，对 VCSEL 的高温性能至关重要。

6.6.2 器件的结构设计

图 6.54 为 894 nm VCSEL 的横截面结构示意图。在有源区和 N-DBR 之间生长 30 nm 厚的 $Al_{0.98}Ga_{0.02}As$ 层作为氧化限制层。顶层非周期性高折射率差光栅厚度为 120 nm，光栅的材料为 AlGaAs。

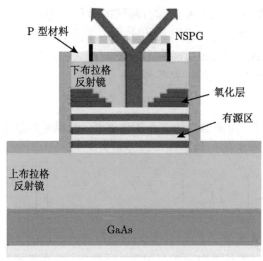

图 6.54　894 nm VCSEL 的横截面结构示意图

　　图 6.55 为具有会聚功能的偏振分束光栅结构示意图。当 TE、TM 混合光垂直入射时，光束经过下层的周期性高折射率差光栅实现 TE、TM 的分离，且分别向左右两个对称方向传播。光栅材料采用的是 AlGaAs, 根据数值计算得出，当 894 nm 波长的光垂直入射时，TE 偏振光衍射至 −1 级，透射率达到了 96.12%，TM 偏振光衍射至 1 级，透射率达到了 99.61%。

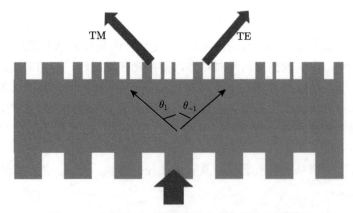

图 6.55　具有会聚功能的偏振分束光栅结构示意图

　　图 6.56(a) 与 (b) 分别表示 TM、TE 偏振光下光栅块位置、光栅周期、占空比以及相位的关系。从两图中可以看出，本节选取的离散的相位点分布的趋势与

连续相位的曲线基本吻合，因此，选取的不同的光栅块组成的新型非周期性高折射率差光栅完全可以实现光束会聚的功能[65]。

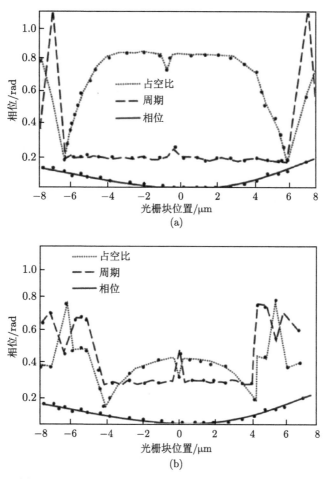

图 6.56　(a) TM 相位分布情况；(b) TE 相位分布情况

6.6.3　仿真结果分析

VCSEL 无论作为功率源还是信号源，高温环境对激光器的寿命以及工作性能都会产生不容忽视的影响。目前所研究的基于高折射率差光栅的 VCSEL 在解决偏振问题时忽略了反射回腔内的 TE 偏振光，因此，这里对高温阈值特性以及光栅的偏振特性进行了更深入研究，从而提高基于 VCSEL 数据通信系统的性能。

1. 高温阈值特性

为验证器件的高温阈值特性，采用 ATLAS 软件对其高温特性进行仿真，

图 6.54 为器件的横截面原理图。图 6.57 表示在 20~90 ℃ 范围内 VCSEL 的电流–功率 (*I-P*) 曲线。通过引入增益腔模失配技术，使得器件的阈值电流在温度上升过程中维持在 0.6 mA 左右，远低于一般结构的 1.2 mA。在 20~90 ℃ 范围内，器件的输出功率稳定在 2 mW(数据通信系统要求功率) 左右，工作电流为 0.8 mA。在 26 ℃ 下器件的输出功率是 2.4 mW，当温度上升到 90 ℃ 时，器件输出功率仍能达到 2 mW，功率随温度的平均变化系数为 0.005 mW/℃。结果表明，VCSEL 的 *I-P* 特性与在室温相比未发生明显衰退，在高温 90 ℃ 的情况下，仍可满足数据通信系统对器件输出功率的要求。

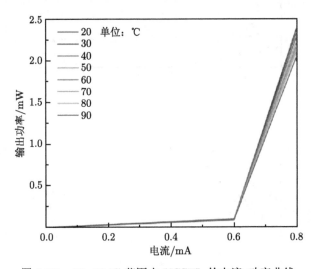

图 6.57   20~90 ℃ 范围内 VCSEL 的电流–功率曲线

接下来以 VCSEL 在微型原子钟的应用为例，研究其激射波长在高温工作环境下的稳定性，图 6.58 为 VCSEL 上下 DBR 的反射谱线。在室温环境下激射波长在 890.437 nm，通过采用 −13.164 nm 的失配量，在 85 ℃(微型原子钟的工作温度) 时，激射波长达到 894.62 nm。因此，在高温工作环境中，器件能满足工作波长的要求。

2. 偏振稳定特性

为验证所设计光栅的会聚及偏振性能，这里采用 COMSOL Multiphysics 多物理有限元分析软件对其偏振特性进行仿真，图 6.59 为器件的理论模型图，入射波长为 894 nm，AlGaAs 折射率 $n_2 = 3.565$，空气折射率 $n_1 = 1$，光栅的厚度为 120 nm。

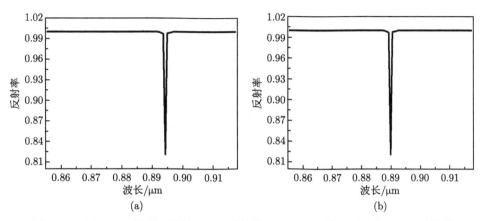

图 6.58 (a) 26 ℃ 情况下器件 DBR 反射谱; (b) 85 ℃ 情况下器件 DBR 反射谱

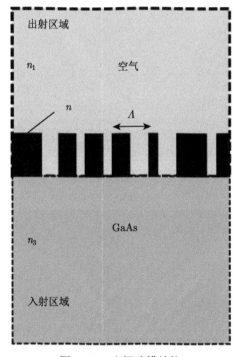

图 6.59 光栅建模结构

图 6.60 显示了整个器件不同角度的偏振分束光的电场强度分布 (左边为 TM, 右边为 TE), 由此可以得到, 非周期条形高折射率差光栅表面入射波长为 894 nm 时, 其透射光可以实现 30°(图 (a))、45°(图 (b))、60°(图 (c)) 不同角度的偏振分束。TM 输出端口的 TM 和 TE 偏振光的透射率分别为 99.880%、0.096%,

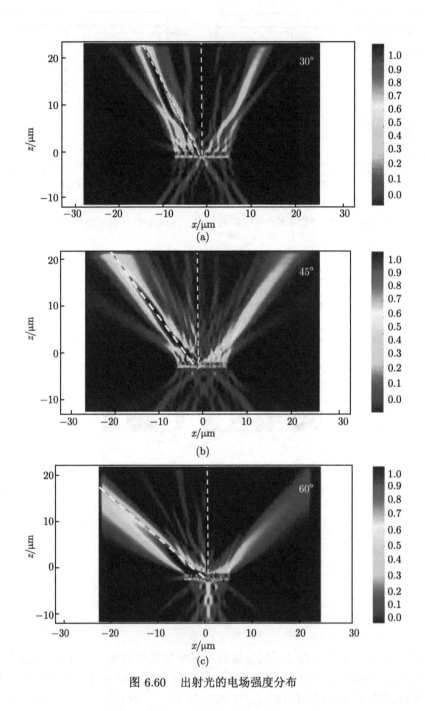

图 6.60　出射光的电场强度分布

98.400%、0.094%，98.420%、0.094%；TE 输出端口的 TE 和 TM 偏振光的透射

率分别为 96.000%、0.090%, 95.400%、0.090%, 95.00%、0.087%。其中偏振角度为 30° 时，偏振透射效果最佳，实现消光比大于 30 dB，光功率达到 1.997 mW。避免了 TE 部分的偏振光反射回激光器腔中参与振荡，对激光器原先固有的性能造成影响，利用非周期性高折射率差光栅实现了器件的激射光束按照 TE/TM 偏振态分成左右两束，本器件消光比大于 30 dB，与同类基于亚波长光栅的 VCSEL 结构的 20 dB 相比，有很大幅度的提升，说明该结构具有优越的偏振稳定功能，有利于器件的高效集成，降低了器件集成的复杂度与成本，在微光学集成系统以及微光机电系统中具有很好的应用前景。

6.7 具有光束会聚功能的 850 nm 单模 VCSEL

目前，VCSEL 广泛应用于军事通信、气体传感和原子芯片等领域，由于其具有低功耗、窄带宽、高速、偏振态稳定以及单模等优点，可实现大功率输出特性。由于在实际的生产当中，人们为追求更高的输出功能，采用扩大氧化孔径或者出光孔径的方法，这种方法虽然在一定程度上提高了输出功率，但是这也会导致器件出现较大的模式竞争。因此，无法保证器件的单一模式输出。目前，实现单模高功率器件的结构大致可以分为五种：光子晶体结构、反波导结构、长谐振腔结构、小出光尺寸结构以及表面浮雕结构，这些结构在保证单一模式输出的前提下，器件的输出功率最高达到 7.5 mW。但是，这些方法存在一定的缺点，例如外延生长的复杂度，以及器件蚀刻深度或外延再生长的精度控制等，使得器件制备起来具有一定的难度，影响器件的实现。

为解决以上单模 VCSEL 存在的问题，这里提出一种具有光束会聚功能的 850 nm 单模 VCSEL。器件的模式选择不需要通过额外的光刻来实现，在器件的顶部刻蚀出直径为 3 μm 的高折射率差光栅，抑制器件的高阶模，保证单一模式的输出。通过分析氧化孔径的尺寸对单模的影响以及光栅实现会聚的相位条件，建立了单模 VCSEL 系统模型。优化氧化孔径以及改善器件的结构，实现了器件单基横模激射，通过对比器件加光栅前后的输出光功率、消光比等参数，发现本器件完全能够满足光网络和光通信等领域对激光器单模、高光束质量以及高功率的要求。

6.7.1 设计理论分析

激光器谐振腔实现激射的条件，在理想的状态下，只有基横模可以满足，但是，与此同时，光束在谐振腔中传输难免会出现衍射的现象，导致光束的相位和振荡的幅度在一定程度上出现偏差，因此，光束在谐振腔中传播，也不是真正的理想平面状态。在光束传播的过程当中，有些模式和基横模的差别较小，在一定程度上也会满足谐振腔激射的条件，产生了激光器常见的多横模激射的工作情况[66]。

多横模激射会带来很多负面的影响，例如，器件的误码率增大，激射光光场分布不均匀，输出光束与光纤的耦合率低。通常情况下克服这种多横模竞争的现象的方法主要有：对谐振腔的长度和工作物质的尺寸进行相应的减少，以及对有源区的凸透镜效应进行减少或者补偿。

为了实现氧化限制型 VCSEL 的输出功率，通常采用的方法就是增大器件的氧化孔径的尺寸，进而增大器件的注入电流。但是，氧化孔径的增大使得横向模式的数量增大，模式的竞争也更加激烈[67]。如图 6.61 所示为圆柱氧化限制型 VCSEL 结构的横向模式。

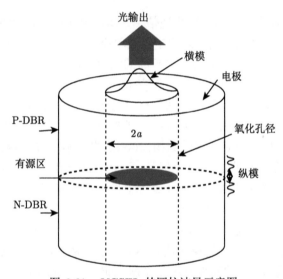

图 6.61   VCSEL 的圆柱波导示意图

6.7.2 结构设计

图 6.62 为具有会聚功能的单模 VCSEL 的横截面结构示意图，顶部光栅的直径为 3 μm，材料为 GaAs。

如图 6.63 所示，在 VCSEL 上刻蚀不同的深度将影响到器件的高阶模的损耗，图 6.63 为器件的刻蚀深度与损耗之间的关系曲线，可以看出，对高阶模损耗最大的刻蚀深度为 1/2 对 DBR 厚度的整数倍，可以实现器件对高阶模的抑制，模式控制的效果更好[68]。因此，本节选择在器件的外延片上刻蚀一层反相层，其厚度为 λ/4 波长，使得外延片表面对高阶模有更好的抑制作用，刻蚀出具有偏振控制功能的高折射率差光栅，在保证器件极化稳定的前提下实现单模输出。

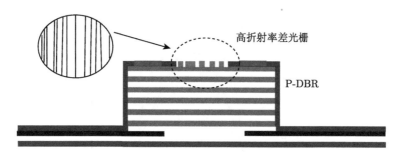

图 6.62 具有会聚功能的单模 VCSEL 的横截面结构示意图

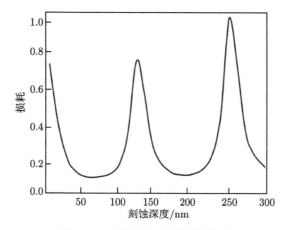

图 6.63 刻蚀深度与损耗的关系

基于传输矩阵法计算阈值模态增益，得到不同模式的分布，如图 6.64 所示，LP_{11} 和 LP_{21} 是影响单模 (LP_{01}) 的主要因素，本节通过在器件顶部刻蚀出 $\lambda/4$ 厚度的反相层，以期实现抑制 LP_{11} 和 LP_{21}，保留 LP_{01}[69]。在最佳单模区域刻蚀出具有会聚功能的高折射率差光栅，可实现器件的单基模激射。实现基横模激射时需要的电流注入都比较小，但是圆形小孔径出光器件的发散角比较大，因此，本节采用具有会聚功能的高折射率差光栅，使得器件的光束特性同时具备三种优势：单模特性、低发散角特性、极化稳定特性。仿真台面为 20 μm，氧化孔径为 6 μm。从图 6.64 可以看出，基模主要集中的中心区域，高阶模与基模有一部分的重叠，基模的直径是 2 μm，本节选择在反相层上刻蚀出直径为 3 μm 的高折射率差会聚光栅，可以在有效地增加器件的出光面积、提高输出功率的同时，保证器件的单一模式输出。

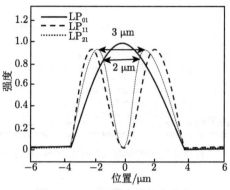

图 6.64   不同模式的径向分布

6.7.3   仿真结果分析

图 6.65 所示为器件的总输出功率，可以看出，器件的输出功率达到 8 mW，阈值电流 0.7 mA 左右。图 6.66 所示为器件不同模式 (基横模与高阶模) 的输出功率，通过与器件的总输出功率相比较，可以得出，该器件的基横模的输出功率占总功率的 98% 以上，器件的输出功率主要是来自基横模，由此得出结论，该器件的工作方式为单横模传输，且功率达到 8 mW。

当 850 nm 波长光垂直入射光栅表面时，图 6.67(a) 所示为未刻蚀光栅的 VCSEL 透射光的电场强度分布，其光栅的透射光未实现会聚；(b) 表示有光栅器件的透射光的电场强度分布，计算得到，透射面上总的透射率为 92%，焦距为 295 μm。图 6.68 给出焦距处光束的半高全宽 (FWHM) 为 0.892 μm。从而说明了加会聚光栅后器件具有优越的光束会聚功能，且器件的输出功率达到 8 mW。

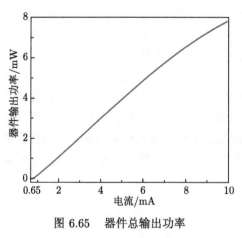

图 6.65   器件总输出功率

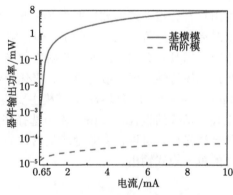

图 6.66   器件不同模式的输出功率

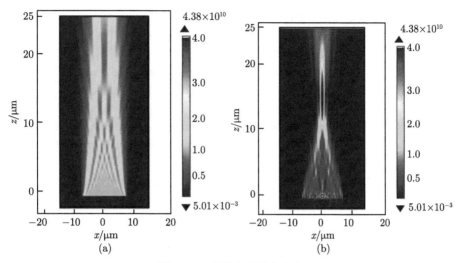

图 6.67 器件电场强度分布

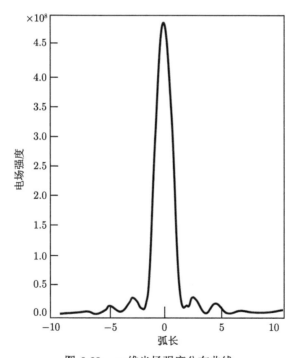

图 6.68 一维光场强度分布曲线

参 考 文 献

[1] Selim Ünlü M, Strite S. Resonant cavity enhanced photonic devices[J]. Journal of Ap-

plied Physics, 1995, 78(2): 607-639.

[2]　Beling A, Campbell J C. InP-based high-speed photodetectors [J]. Lightwave Technology Journal of, 2009, 27(3):343-355.

[3]　Huang H, Ren X, Wang X, et al. Theory and experiments of a tunable wavelength-selective photodetector based on a taper cavity.[J]. Applied Optics, 2006, 45(33):8448-8453.

[4]　Duan X, Huang Y, Ren X, et al. Long wavelength multiple resonant cavities RCE photodetectors on GaAs substrates [J]. IEEE Transactions on Electron Devices, 2011, 58(11):3948-3953.

[5]　Liu K, Huang Y, Ren X. Theory and experiments of a three-cavity wavelength-selective photodetector[J]. Applied Optics, 2000, 39(24):4263.

[6]　Yuan J R, Chen B L, Holmes A L. Improved quantum efficiency of InGaAs/InP photodetectors using Ti/Au-SiO$_2$ phase-matched-layer reflector[J]. Electron.Lett., 2012, 48: 1230-1232.

[7]　Lai K, Campbell J C. Design of a tunable GaAs/AlGaAs multiple quantum-well resonant-cavity photodector[J]. Quantum Electron, 1994, 30: 108-114.

[8]　Shang Y, Huang Y, Duan X, et al. Study on resonant cavity enhanced photodetector using subwavelength grating[C]. Advances in Optoelectronics and Micro/nano-Optics, IEEE, 2010:1-3.

[9]　Duan X, Huang Y, Ren X, et al. High-efficiency InGaAs/InP photodetector incorporating SOI-based concentric circular subwavelength gratings[J]. IEEE Photonics Technology Letters, 2012, 24(10): 863-865.

[10]　Lu F, Sedgwick F G, Karagodsky V, et al. Planar high-numerical-aperture low-loss focusing reflectors and lenses using subwavelength high contrast gratings [J]. Opt. Express, 2010, 18(12): 12606-12614.

[11]　Fattal D, Li J, Peng Z, et al. Flat dielectric grating reflectors with focusing abilities [J]. Nature Photonics, 2010, 4(7): 466-470.

[12]　Srivastava S , Roenker K P . Numerical modeling study of the InP/InGaAs uni-travelling carrier photodiode[J]. Solid State Electronics, 2004,48(3):461-470.

[13]　Fan X Y, Huang Y Q, Ren X M, et al. Hybrid integrated photodetector with flat-top steep-edge spectral response [J]. Appl. Opt., 2012, 51: 5767-5772.

[14]　窦广栋. 用于光纤通信系统的新型双吸收层光探测器的研究 [D]. 北京: 北京邮电大学, 2015.

[15]　Liang D, Roelkens G, Baets R, et al. Hybrid integrated platforms for silicon photonics [J]. Materials, 2010, 3(3):1782-1802.

[16]　Roelkens G, Brouckaert J, Taillaert D, et al. Integration of InP/InGaAsP photodetectors onto silicon-on-insulator waveguide circuits [J]. Optics Express, 2005, 13(25):10102-10108.

[17]　Roelkens G , Liu L , Campenhout J V , et al. Heterogeneous III-V/Silicon-on-insulator photonic integrated circuits[C]// International Conference on Photonics in Switching,

IEEE, 2008:1-2.

[18] Seed A J. Microwave photonics[J]. IEEE J.Lightw.Technol., 2006, 24(3):4628-4641.

[19] Cross A S, Zhou Q, Beling A, et al. High-power flip-chip mounted photodiode array [J]. Optics Express, 2013, 21(8):9967-9973.

[20] Beling A, Chen H, Pan H, et al. High-power monolithically integrated traveling wave photodiode array [J]. IEEE Photonics Technology Letters, 2009, 21(24):1813-1815.

[21] Li Q, Li K, Xie X, et al. High-Power flip-chip bonded photodiode with 110 GHz bandwidth [C]// 2015 IEEE Photonics Conference (IPC), IEEE, 2015.

[22] Roelkens G, Brouckaert J, Taillaert D, et al. Integration of InP/InGaAsP photodetectors onto silicon-on-insulator waveguide circuits [J]. Optics Express, 2005, 13(25):10102-10108.

[23] Zhao Z, Liu J, Liu Y, et al. Hight-speed photodetectors in optical Communication System[J]. 半导体学报: 英文版, 2017, 38(12):7.

[24] Ishibashi T, Shimizu N, Kodama S, et al. Uni-traveling-carrier photodiodes [J]. Technical Digest of Ultrafast Electronics and Optoelectronics, 1997, 2(12): 83-87.

[25] Ito H, Furuta T. InP/InGaAs uni-traveling-carrier photodiode with 220 GHz bandwidth[J]. Electron. Lett., 1999, 35(18):1556-1557.

[26] Ito H, Furuta T, Kodama S, et al. InP/InGaAs uni-travelling-carrier photodiode with 310 GHz bandwidth[J]. Electronics Letters, 2000, 36(21):1809-1810.

[27] Shi J W, Wu Y S, Wu C Y, et al. High-speed, high-responsivity, and high-power performance of near-ballistic uni-traveling-carrier photodiode at 1.55-mu m wavelength[J]. IEEE Photonics Technology Letters, 2005, 17(9):1929-1931.

[28] Achouche M, Magnin V, Harari J, et al. High performance evanescent edge coupled waveguide uni-traveling-carrier photodiodes for >40Gb/s optical receivers[J]. IEEE Photonics Technology Letters, 2004, 16(2):584-586.

[29] Xie X J, Zhou Q G, Norberg E, et al. High-power and high-speed heterogeneously integrated waveguide-coupled photodiodes on silicon-on-insulator[J]. Journal of Lightwave Technology, 2016, 34(1): 73-78.

[30] Liang D, Fiorentino M, Todd S T, et al. Fabrication of silicon-on-diamond substrate and low-loss optical waveguides[J]. Photonics Technology Letters, IEEE, 2011, 23(10):657-659.

[31] Sun K, Beling A. High-speed photodetectors for microwave photonics[J]. Applied Sciences, 2019, 9(4): 623.

[32] Zhang L, Cao Q, Zuo Y, et al. Wavelength-tunable Si-based InGaAs resonant cavity enhanced photodetectors using Sol-Gel wafer bonding technology[J]. IEEE Photonics Technology Letters, 2011, 23(13):881-883.

[33] Ito H, Furuta T, Kodama S, et al. High-efficiency unitraveling-carrier photodiode with an integrated total-reflection mirror[J]. IEEE J. Lightwave Technol., 2000, 18(3):384-387.

[34] Wang X, Duan N, Chen H, et al. InGaAs–InP photodiodes with high responsivity and

high saturation power[J]. IEEE Photonics Technology Letters, 2007, 19(16):1272-1274.

[35] Li Z, Pan H, Chen H, et al. High-saturation-current modified uni-traveling-carrier photodiode with cliff layer[J]. IEEE Journal of Quantum Electronics, 2010, 46(5):626-632.

[36] Chen Q T, Huang Y Q, Zhang J X, et al. Uni-traveling-carrier photodetector with high-reflectivity DBR mirrors[J]. IEEE Photonics Technology Letters, 2017, PP(99):1.

[37] Mateus C F R, Huang M C Y, Deng Y, et al. Ultrabroadband mirror using low-index cladded subwavelength grating[J]. IEEE Photonics Technology Letters, 2004, 16(2):518-520.

[38] Chang-Hasnain C J, Yang W. High-contrast gratings for integrated optoelectronics[J]. Advances in Optics & Photonics, 2012, 4(3):379-440.

[39] Fattal D, Li J J, Peng Z, et al. Flat dielectric grating reflectors with focusing abilities.[J]. Nature Photonics, 2010, 4: 466-470.

[40] Ma C, Ren L, Xu Y, et al. Theoretical and experimental study of structural slow light in a microfiber coil resonator[J]. Applied Optics, 2015, 54(18):5619-5623.

[41] Duan X F, Zhou G R, Huang Y Q, et al. Theoretical analysis and design guideline for focusing subwavelength gratings[J]. Optics Express, 2015, 23(3): 2639-2646.

[42] Koyama F. Recent advances of VCSEL photonics[J]. Journal of Lightware Technology, 2007, 24(12): 4502-4513.

[43] 范鑫烨, 白成林, 张丙元, 等. 垂直腔面发射激光器——原理、制备及测试技术 [M]. 北京: 科学出版社, 2019.

[44] 周琳, 李中林. VCSEL 激光器特性仿真的数学建模 [J]. 激光杂志, 2019, (3): 163-167.

[45] 桑文斌, 刘苏生. 影响 InGaP/InP 半导体激光器阈值电流密度若干问题的研究 [J]. 上海大学学报: 自然科学版, 1996, 2(6): 689-696.

[46] Zhao Y M, Sun Y Y, He Y, et al. Design and performance of high temperature operating resonant cavity photodiodes based on 795 nm VCSEL structure[J]. Physica Status Solidi, 2016, 213(12):3136-3141.

[47] 贾习坤. 基于传输矩阵法对垂直腔半导体光放大器小信号增益特性的研究 [D]. 成都: 西南交通大学, 2005.

[48] Jang M W, Kim S B. A study on low-current-operation of 850nm oxide VCSELs using a large-signal circuit model[J].Journal of the Institute of Electronics Engineers of Korea SD, 2006, 43(10): 10-21.

[49] Wu C H, Tan F, Wu M K, et al. The effect of microcavity laser recombination lifetime on microwave bandwidth and eye-diagram signal integrity[J]. Journal of Applied Physics, 2011, 109(5):053112-053112-9.

[50] Chang-hasnain C J, Huang M, Ye Z. Tunable VCSEL with ultra-thin high Contrast grating for high-speed tuning[J]. Optics Express, 2018, 16(18): 14221-14226.

[51] Rao Y, Yang W,Chase C, et al. Long-wavelength VCSEL using high-contrast grating[J]. IEEE Journal of Selected Topics in Quantum Electronics, 2013, 19(4): 1701311.

[52] 江孝伟, 关宝璐. 基于导模共振滤波器的波长可调谐垂直腔面发射激光器的研究 [J]. 光子学报, 2019, 048(001):128-134.

[53] Wang Y, Xu L H, Kumar A, et al. Compact single-etched sub-wavelength grating couplers for O-band application[J]. Optics Express, 2017, 25(24):30582.

[54] Čtyroký J, Wangüemert-Pérez J G, Kwiecien P, et al. Design of narrowband Bragg spectral filters in subwavelength grating metamaterial waveguides[J]. Optics Express, 2018, 26(1):179.

[55] 李业弘. 光通信系统中亚波长光栅的偏振性能及其在光探测器上应用的研究 [D]. 北京: 北京邮电大学, 2015.

[56] 江孝伟. 亚波长光栅对微机电系统波长可调谐垂直腔面发射激光器的影响 [J]. 激光与光电子学进展, 2016, (12):66-72.

[57] 李坤, 胡芳仁, 沈瑞, 等. 氮化镓亚波长光栅偏振分束器的设计与分析 [J]. 光通信研究, 2018, (1): 31, 32,78.

[58] 任霄钰. 光栅共振耦合中的共振特征与谱对称性研究 [D]. 重庆: 重庆师范大学, 2016.

[59] 江孝伟. 内腔亚波长光栅可调谐垂直腔面发射激光器结构设计及研究 [D]. 北京: 北京工业大学, 2016.

[60] Ikeda K, Takeuchi K, Takayose K, et al. Polarization-independent high-index contrast grating and its fabrication tolerances[J]. Applied Optics, 2013, 52(5): 1049-1053.

[61] 郭楚才, 叶卫民, 袁晓东, 等. 亚波长光栅偏振分束器的研究 [J]. 光学学报, 2010, 30(9): 2690-2695.

[62] 张晓霞, 潘炜. 降低 VCSELs 激射阈值途径的理论研究 [J]. 光电子 · 激光, 2002, 13(12): 1211-1214.

[63] 江孝伟. 基于二维光栅的偏振无关波长可调谐垂直腔面发射激光器 [J]. 光学学报, 2019, 39(6): 0623003-1-5.

[64] 孙锐娟. 基于 InGaAs 量子阱的 VCSEL 增益芯片的材料研究 [D]. 西安: 西安理工大学, 2017.

[65] 姜夕梅, 范鑫烨, 白成林. 具有偏振分束功能的 894nm 垂直腔面发射激光器 [J]. 光电子 · 激光, 2019, 30(6): 561-567.

[66] 赵鼎, 林世鸣. 基于矢量光场的 VCSEL 数值模型 [J]. 半导体学报, 2003, 24(12): 66-71.

[67] Li K, Rao Y, Chase C, et al.Monolithic high-contrast metastructure for beam-shaping VCSELs[J]. Optica, 2018, 5(1):10-13.

[68] Ledentsov N, Chorchos L, Turkiewicz J P. High speed data transmission over multimode fiber based on single mode 850 nm leaky VCSELs[C].17th Conference on Optical Fibres and Their Applications. 2017.

[69] 李洪雨. 单模表面浮雕结构垂直腔面发射激光器的特性研究 [D]. 长春: 长春理工大学, 2015.

第 7 章　高折射率差超结构的未来发展趋势

7.1　高折射率差超结构的展望

在过去的十年中，人们已经对亚波长周期结构及其应用进行了广泛且深入的研究，尤其是在其周期垂直于光的入射方向方面。一个典型的例子是超薄高折射率一维光栅，即高折射率差光栅 [1]，以及此类结构的二维变化，现在被普遍称为高折射率差超结构 HCM(high-contrast metastructure)。目前，使用平面高折射率差超结构阵列 (称为 HCM 或超表面) 的研究领域已取得迅速发展。尽管 HCM 和超表面在物理结构上与光子晶体 (PhC) 具有很大的相似性，但它们的设计、分析、操作条件以及应用仍存在许多差异。近些年，人们对开发用于光子集成的低成本、高性能的光学组件产生了极大的兴趣。HCM、超表面和 PhC 都是十分具有前途的候选物。超表面的应用领域 [2-4]，其中许多是高折射率差的纳米结构阵列，也显示了研究领域的潜力，并且需要对这些周期性的，尤其是空间变化的纳米结构有一个普遍的了解。另外，尽管物理外观与周期性亚波长结构相似，但是 HCM 和 PhC 在设计方法、理论分析和光子应用方面有所不同，因此仍然是一些不同的研究主题。

经过各种分析研究发现，HCM 和 PhC 之间存在许多的内在联系，这些联系是由它们的周期性性质以及它们的谐振特性引起的。当然，也存在许多的不同，HCM 通常适用于照射在周期性结构上的光，而 PhC 适用于限制在周期性结构内传播的光。HCM 和 PhC 都具有高 Q 共振，HCM 可以设计成周期性结构内耦合模式的 F-P 腔。最令人感兴趣的是，HCM 作为超表面或超结构来控制光的传播、强度及相位，以控制与极化相关的自旋角动量 (SAM) 和与非平面波前相关的轨道角动量 (OAM)。OAM 的操作与光束的局部光学相位的操作密切相关。因此，HCM 被广泛用作可设计的相位板，从而可开辟更广泛的光子应用领域，如透镜、光束偏转器、轴锥和全息图。除此之外，HCM 还广泛用于微腔、耦合器、分束器、谐振器和光学传感器等器件。HCM 一直在迅速发展，我们相信，周期和非周期亚波长结构将继续在基础科学，以及光通信、光检测和测距、光学传感、照明和显示等领域绽放光芒。

7.2 新器件与新技术

7.2.1 基于高折射率差超结构的耦合器

在光子集成器件领域中，器件与器件之间、器件和外界之间传递光路信息的中介是耦合器，它是极其关键的光子集成无源器件。耦合效率、带宽和偏振相关性是判断耦合器好坏的三个重要性能指标，那么，如何增强器件性能，关键就在这三个方面。目前，耦合器中存在耦合效率较低、带宽较小，以及偏振敏感等不足，针对这些不足，人们已经制作出了一种基于石墨烯和三层超表面的耦合器结构，这种耦合结构具有性能高、功能多等优点，能在减小偏振敏感的同时，提高工作带宽和耦合效率[5]。

在光子学和等离子学领域，有效激发表面波 (SW) 仍然是最具挑战性的考虑因素之一。最近，科研人员提出了一种将入射传播波 (PW) 转换为表面波的混合金属–石墨烯发射阵列，作为一种用于表面波激发的解决方案元耦合器。表面波的激发和操纵，包括表面等离子体激元 (SPP) 和伪表面等离子体激元 (spoof SPP)，它们都是 SPP 的低频对应物，在光子学和太赫兹 (THz) 示波器[6,7]中引起了广泛的兴趣。该结构包括超薄的四层透明的超表面，其中采用了 "H" 形蚀刻金属膜和石墨烯贴片，并且所有四层都是相同的。全波仿真表明，这种结构的耦合器具有 46% 的效率，在太赫兹范围内具有很大的应用。另外，根据独特的石墨烯特性，所提出的器件是可调的且易于重新配置，即可以将转换后的表面波的方向从右向左电切换，反之亦然。因此，该类结构可应用于诸如太赫兹通信和传感之类的新兴应用中。此外，它所采用的体系结构还引入了静电可调模块，可以有效地开发石墨烯等离子体激元组件。

除此之外，科研人员从理论上研究了作为单向表面等离子体激元极化 (SPP) 耦合器的超表面，该结构可以在可见光区域的较宽带宽上工作，被称为二维 (2D) 超结构。基于此，基于金属–电介质–金属超表面的单向 SPP 耦合器被提出。单向 SPP 耦合器可以在宽广的频谱范围内工作[8-10]。

7.2.2 基于高折射率差超结构的偏振分束器

分束器件是把一束光分成能量、模式或状态等不同的几束光的器件，可以将其分为偏振分束器、功率分束器和波长分束器等，广泛地应用于光通信领域的各级设备中。其中，偏振分束器 (polarizing beam sputter, PBS) 是光通信领域一个重要的设备，它主要应用在偏振复用的相干光系统[11,12]、偏振透明集成光路[13,14]，以及光开关、偏振成像、光隔离器等诸多领域[15,16]。

目前，在 SOI 平台中设计了一种基于紧凑型超宽带多模干涉仪 (MMI) 的偏振分束器。在多模区域中采用了高折射率差光栅超结构，以减少结构的总尺寸并增加其工作带宽。在该结构中，TM 偏振输入波直接通过多模区域，而不耦合到高阶模。另外，TE 偏振输入波激发多模区域的高阶模，并且通过多模区域中的自成像过程产生输出 TE 波。即 TM 波通过互连波导直接耦合到输出条端口，而 TE 波被传输到交叉端口。这种方法大大减少了预计的基于 MMI 的偏振分束器的总长度。此外，在设计的 MMI 结构的多模区域中，应用高折射率差光栅超结构进一步减小了结构的整体尺寸，并且还增加了偏振分束器的带宽。该结构的总面积为 $4.8\mu m \times 21\mu m$，是先前报道的具有相同平台的基于 MMI 的偏振分束器的四分之一 [17]。而且，三维时域有限差分 (3D FDTD) 仿真结果表明，对于 TE 和 TM 模式，设计结构的偏振消光比 (PER) 均大于 12 dB，插入损耗 (IL) 小于 3 dB 在 1.3~1.65 μm 的波长范围内。

7.2.3　基于高折射率差超结构的传感器

传感器是化学和生物医学探测的重要器件之一。传统的传感器中主要是由贵金属材料组成的基于表面等离激元的纳米结构，但由于金属具有欧姆损耗，基于金属结构的折射率传感器的品质因数 (Q 因子) 普遍很低，FOM (figure of merit) 值一般为几十 [18,19]。全介质超表面折射率传感器由于不存在欧姆损耗，具有 Q 因子和 FOM 值高的优点，是当前折射率传感器领域的一个研究热点 [20-22]。2017 年，Hu 等提出了一种基于全介介超表面同时测量折射率和温度的新型传感器 [23]。超表面是由块状熔融二氧化硅衬底顶部的硅纳米块阵列构成的。我们使用有限积分方法对三维全波电磁场进行了仿真，以精确计算超表面的透射谱。观察到对应于电和磁共振的两个透射骤降，两个倾角随环境折射率或温度变化而移动。仿真结果表明，两次浸入对折射率的敏感度分别为 243.44 nm/RIU 和 159.43 nm/RIU，而对温度的敏感度分别为 50.47 pm/℃ 和 75.20 pm/℃。2018 年，Qin 等利用 U 形硅纳米棒超表面，设计了 FOM 值为 29 的折射率传感器 [24]。2018 年，Ollanik 等利用硅介质惠更斯超表面实现了 FOM 值为 219 的超灵敏折射率传感器 [25]。2019 年，Wang 等提出了一种具有新颖的结构和独特的传感机制的生化传感器，该传感器由聚合物长周期波导光栅制成，其检测液体直接作为波导包层，通过分析与液体检测浓度相关的输出吸收光谱和共振波长偏移，可以实现定量检测 [26]。2022 年，北京邮电大学 Zhao 等提出并数值分析近红外区域的全电介质空心超表面，激发连续体中的准束缚态，实现尖锐的法诺共振，调制深度接近 100% [27]。这些超结构设计灵活，都能产生高 Q 因子共振效应，为高性能传感的研究提供了理论支持。

另外，由于集成生物传感器可以减小尺寸和成本，并且对于家庭和室外使用是理想的，所以又有科研人员提出了一种基于电介质光栅和金属膜组成的共振结构的集成等离子生物传感器。它利用来自光栅侧的垂直入射光，可以在特定波长激发表面等离子体激元模式，并且反射光将消失。仿真结果表明，当改变检测层的折射率时，反射光的能量会急剧变化。假设功率计的分辨率为 0.01 dB，则传感器分辨率可以为 4.37×10^{-6} RIU，通过监测光强度变化，该分辨率非常接近基于大透镜的等离子体激光生物传感器。

参 考 文 献

[1] Mateus C F R, Huang M C Y, Lu C, et al. Broad-band mirror (1.12–1.62 μm) using a subwavelength grating[J]. IEEE Photon. Technol. Lett., 2004, 16: 1676-1678.

[2] Yu N, Capasso F. Flat optics with designer metasurfaces[J]. Nat. Mater., 2014, 13: 139-150.

[3] Genevet P, Capasso F, Aieta F, er al. Recent advances in planar optics: from plasmonic to dielectric metasurfaces[J]. Optica, 2017, 4: 139-152.

[4] Holloway C L, Kuester E F, Gordon J A, et al. An overview of the theory and applications of metasurfaces: the two- dimensional equivalents of metamaterials[J]. IEEE Antennas Propag. Mag., 2012, 54(2): 10-35.

[5] Ge R, Li H, Han Y, et al. Polarization diversity two-dimensional grating coupler on X-cut lithium niobate on insulator[J]. Chinese Optics Letters, 2021,6:23-27.

[6] Barnes W L, Dereux A, Ebbesen T W. Surface plasmon subwavelength optics[J]. Nature, 2003, 424(6950):824-830.

[7] Gómez R J. Terahertz: The art of confinement[J]. Nature Photonics, 2008, 2(3):137-138.

[8] Aieta F, Genevet P, Kats M A, et al. Aberration-free ultra-thin flat lenses and axicons at telecom wavelengths based on plasmonic metasurfaces[J]. Nano Letters, 2012, 12(9):4932.

[9] Baron A, Devaux E, Rodier J C, et al. Compact antenna for efficient and unidirectional launching and decoupling of surface plasmons[J]. Nano Letters, 2011, 11(10):4207.

[10] Huang X, Brongersma M L . Compact aperiodic metallic groove arrays for unidirectional launching of surface plasmons[J]. Nano Letters, 2013, 13(11): 5420-5424.

[11] Hill P M, Olshansky R, Burns W K. Optical polarization division multiplexing at 4 Gb/s[J]. IEEE Photon Technology Letter, 1992, 4(5):500-502.

[12] Wree C, Bhandare S, Joshi A. Linear electrical dispersion compensation of 40Gb/s polarization multiplex DQPSK using coherent detection[C]//IEEE/LEOS Summer Topical Meetings, 2008:241-242.

[13] Jan-Willem G, Yousefi M I, Yves J, et al. Polarization-division multiplexing based on the nonlinear Fourier transform[J]. Optics Express, 2017, 25(22): 26437.

[14] Bêche B, Jouin J F, Grossard N, et al. Pc software for analysis of versatile integrated optical waveguides by polarized Semi-Vectorial Finite Difference Method[J]. Sensors and Actuators A Physical, 2004, 114(1): 59-64.

[15] Alan E W, Zhang L, Wu X X. Integrated nano-structured silicon waveguides and devices for high-speed optical communications[J]. Chinese Optics Letters, 2010, 8(9):909-917.

[16] Fukuda H, Yamada K, Tsuchizawa T, et al. Silicon photonic circuit with polarization diversity[J]. Optics Express, 2008, 16(7):4872-4880.

[17] Xu L, Wang Y, Kumar A, et al. Polarization beam splitter based on MMI coupler with SWG birefringence engineering on SOI[J]. IEEE Photon. Technol. Lett., 2018, 30: 403-406.

[18] Kuznetsov A I, Miroshnichenko A E, Brongersma M L, et al. Optically resonant dielectric nanostructures[J]. Science, 2016, 354(6314):aag2472.

[19] Baranov D G, Zuev D A, Lepeshov S I, et al. All-dielectric nanophotonics: the quest for better materials and fabrication techniques[J]. Optica, 2017, 4(7):814.

[20] Dmitriev V, Kupriianov A S, Santos S, et al. Symmetry analysis of trimer-based all-dielectric metasurfaces with toroidal dipole modes[J]. Journal of Physics D: Applied Physics, 2021, 54(11):115107.

[21] Song S, Yu S, Li H. Ultra-high Q-factor toroidal dipole resonance and magnetic dipole quasi-bound state in the continuum in an all-dielectric hollow metasurface[J]. Laser Physics, 2022, 32(2):025403.

[22] Yang L, Yu S, Li H, et al. Multiple Fano resonances excitation on all-dielectric nanohole arrays metasurfaces[J]. Optics Express, 2021, 29(10):14905-14916.

[23] Hu J, Lang T, Wu M, et al. Refractive index sensing using all-dielectric metasurface with analogue of electromagnetically induced transparency[C]// International Conference on Optical Communications & Networks, IEEE, 2017.

[24] Qin M, Pan C, Chen Y, et al. Electromagnetically induced transparency in all-dielectric U-shaped silicon metamaterials[J]. Appl. Sciences,2018,8(10): 1799.

[25] Ollanik A J, Oguntoye I O, Hartfiled G Z, et al. Highly sensitive, affordable and adaptable refractive index sensing with silicon-based dielectric metasurfaces[J].Adv. Mater.Technologies, 2018, JTh2A:54.

[26] Wang L, Ren K, Sun B, et al. Highly sensitive refractive index sensor based on polymer long-period waveguide grating with liquid cladding[J]. Photonic Sensors, 2019, 9(1):19-24.

[27] Song S , Yu S , Li H, et al. Ultra- high Q-factor toroidal dipole resonance and magnetic dipole quasi-bound state in the continuum in an all-dielectric hollow metasurface[J]. Laser Physics, 2022, 32(2): 025403-0254038.